灌区农民用水户协会绩效综合评价理论与实践

崔远来　张笑天　杨平富
王建鹏　马智晓　编著

U0286223

黄河水利出版社
·郑州·

内 容 提 要

本书阐述了灌区农民用水户协会绩效综合评价的内涵与外延,提出了农民用水户协会绩效综合评价的构成要素、目的、意义以及原则,确立了农民用水户协会绩效综合评价的过程、方法及具体内容,建立了一套适用于我国灌区农民用水户协会绩效综合评价的指标体系,并对各指标的数据获取途径和计算方法进行了详细阐述。

根据评价指标所涉及的具体要素,设计37种不同的调查表格,以漳河灌区为背景,开展数据调查分析,分别运用直观对比分析、灰色关联分析、模糊物元分析和投影寻踪分类等四种方法对农民用水户协会的现状进行了绩效综合评价,比较了不同方法的优劣,总结了农民用水户协会在组建及运行管理中的经验和教训。

本书可供从事灌区管理及相关工作的科技人员、管理人员及大专院校师生参考使用。

图书在版编目(CIP)数据

灌区农民用水户协会绩效综合评价理论与实践/崔远来等
编著 . —郑州:黄河水利出版社,2009.12
ISBN 978 - 7 - 80734 - 755 - 2

Ⅰ.①灌…　Ⅱ.①崔…　Ⅲ.①灌区 - 水资源管理 - 研究
Ⅳ.①S274

中国版本图书馆 CIP 数据核字(2009)第 218211 号

出　版　社:黄河水利出版社
　　　　　　地址:河南省郑州市顺河路黄委会综合楼 14 层　邮政编码:450003
发行单位:黄河水利出版社
　　　　　　发行部电话:0371 - 66026940、66020550、66028024、66022620(传真)
　　　　　　E-mail:hhslcbs@ 126. com
承印单位:黄河水利委员会印刷厂
开本:787 mm × 1 092 mm　1/16
印张:10
字数:228 千字　　　　　　　　　印数:1—2 000
版次:2009 年 12 月第 1 版　　　　印次:2009 年 12 月第 1 次印刷

定价:25.00 元

前　言

随着我国政府实施灌区管理体制改革的步伐，灌区农民用水户协会经历了从无到有、从小到大的发展过程。但在其发展过程中，农民用水户协会还存在着诸多问题，对协会的建设过程、组织运行机制以及已建协会的运行状况等还缺乏一套行之有效的监督与评价指标体系，也缺乏农民用水户协会的绩效综合评价的有效方法，用水户无法从整体上看到农民用水户协会的实施效果，从而无法调动农民用水户参与到灌溉管理中的积极性。因此，建立一套综合评价的指标体系，对用水户协会进行绩效综合评价，无论对研究灌区农民用水户协会综合评价理论及方法，还是对指导农民用水户协会的实际建设、运行和管理，均具有重要意义。基于此，以我国最早开展农民用水户协会试点的湖北省漳河灌区为背景，开展了农民用水户协会绩效综合评价研究工作，并在此基础上撰写了本书。

本书首先论述了国内外参与式灌溉管理的发展状况，阐述了目前我国农民用水户协会组建运行过程中普遍存在的一些问题，在剖析我国农民用水户协会建设及运行管理经验的基础上，探讨了农民用水户协会绩效综合评价的内涵与外延，提出了农民用水户协会绩效综合评价的构成要素、目的、意义以及原则。

依据农民用水户协会的发展目标以及组建协会的目的，确立了农民用水户协会绩效综合评价的过程及具体内容。依据指标选取原则，确定了一套适用于我国灌区农民用水户协会绩效综合评价的指标体系，包括协会组织建设、工程状况及维护、灌溉用水管理和经济效益等4个方面，共19个具体评价指标。对各指标的数据获取途径和计算方法进行了详细阐述。

根据评价指标所涉及的具体要素，针对7种不同的对象设计37种调查表格，以漳河灌区55个农民用水户协会为背景，开展数据调查，调查样本382个，共获取有效调查数据33 744个。基于调查数据对19个评价指标进行了计算分析，分别运用直观对比分析、灰色关联分析、模糊物元分析和投影寻踪分类等四种方法对农民用水户协会的现状进行了绩效综合评价，比较了不同方法的优劣，总结了农民用水户协会在组建及运行管理中的经验和教训。

全书共分10章，各章的编写分工如下：第1、2章崔远来、马智晓；第3章崔远来、王建鹏、杨平富；第4、5、6章王建鹏、崔远来、张笑天；第7、8章马智晓、崔远来、杨平富；第9章王建鹏、崔远来；第10章张笑天、杨平富、王建鹏。全书由崔远来统稿，由张笑天、杨平富、郑国组织实施了在漳河灌区开展的数据调查工作。

本书的出版得到了武汉大学水资源与水电工程科学国家重点实验室的资助。本书有关项目在实施过程中，得到了湖北省漳河工程管理局等单位的领导和科技人员给予的大力支持，在此一并表示最衷心的感谢。此外，参加协会调查工作的人员还有刘路广、谢先红、熊佳、周玉桃、罗红英、郑国、陈祖梅、李丹、程磊、史宜红、龚天武、叶建生、张小刚、王建漳。

在本书的编写过程中，参考和引用了许多国内外文献，在此对这些文献的作者表示衷心的感谢！

由于水平有限，同时开展此项研究的时间不长，本书有许多不完善和欠妥之处，敬请各位专家批评指正。

作　者

2009 年 10 月

目　录

第1章 绪 论

1.1 研究背景及意义

新中国成立以来,政府和农民在灌溉工程上做出了巨大的投资和努力,但灌溉系统仍然存在着许多问题,表现在灌溉水利用系数较低和水分生产率较低等方面,这在很大程度上取决于灌区管理水平(董翠霞,2008)。目前,我国的灌溉管理面临着若干问题,比如:①渠系工程设施不配套,没有测水、量水设施,配水不合理,水资源浪费严重;②资金投入不足,灌溉水费标准低,且水费收取率低,水费难以维持工程运行维护和管理,造成灌溉工程的失修老化;③农业灌溉的政策不配套、不完善,农业灌溉无偿用水或水价明显偏低,导致农民用水户节水的积极性不高,灌溉用水浪费严重;④农民参与不足以及不合理的产权制度加剧了灌溉管理效益低下、用水户之间的矛盾以及水费收取率不高等问题(朱秀珍,2005;李强,2008)。

造成这些问题的根本原因是政府对公共灌溉事务包揽过多,用水户参与程度低。上述问题也存在于世界许多国家的灌区中,针对这一现状,世界银行(以下简称世行)、国际灌溉管理研究院等国际组织的有关专家先后提出了推行"用水户参与灌溉管理"(Participatory Irrigation Management,PIM)的主张,即让农民用水户参与到灌区的管水及渠系的维护与管理中来,成为灌溉管理的真正主人(理查德·瑞丁格,2002)。

灌区农民用水户协会(Water User Association)是 PIM 的一种灌溉管理模式,是 20 世纪 90 年代初从国外引进的一种先进的农业灌溉管理模式。农民用水户协会是群众性的组织,由灌区受益农民自愿参加而组成的农民自己的灌溉用水管理组织,经当地民政部门登记注册后,具有独立法人资格,实行独立核算,自负盈亏,实现经济自立(刘慧萍,1998;白玉惠,2003;王金霞等,2005)。

我国自 20 世纪 90 年代中期推行以农民用水户协会为主要形式的参与式灌溉管理组织,截至 2006 年 7 月,已有 30 个省(区、市)不同程度地开展了用水户参与灌溉管理的改革,组建了以农民用水户协会为主要形式的各种农民用水合作组织 2 万多个,管理灌溉面积近 667 万 hm^2,参与农户 6 000 多万人,发展趋势良好(翟浩辉,2006)。灌区农民用水户协会在调动农民积极性、透明用水、农民增收、规范用水秩序、解决水事纠纷、节约灌溉用水、节省劳动力、确保工程维护和工程质量、提高弱势群体灌溉水获得能力、保证水费征收和减轻政府负担、减轻村级干部工作压力以及确保灌溉工程的良性运行等方面,均取得了显著成效(冯广志,2002;李全盈,2003;张陆彪等,2003;国家农业综合开发办公室,2005)。

尽管农民用水户协会取得了一些明显的成效,在灌溉用水管理和工程管理中发挥了积极作用,但实际上用水户协会在其发展运行过程中还存在着一些问题(张陆彪等,

2003;陈祖梅等,2005;张庆华,2005;王艳艳等,2008),具体表现在以下几个方面:

(1)农民用水户协会登记注册难,法人地位无法确立。

造成这一问题有以下几个原因:第一,灌区管理机构、地方水利局和用水户协会没有充分认识到登记注册对协会发展的意义,对登记注册工作重视不够,寻求注册登记的努力不够,方法不多;第二,相当一部分地方民政部门没有把用水户协会登记注册工作作为农村民间组织管理的工作纳入日程,即使启动这项工作也有意无意地抬高登记门槛,使得登记注册非常困难;第三,现有的民间组织管理工作还没有明确地把农民用水户协会作为一类登记主体提出来,水利部在推进农民用水户协会登记注册上也没有具体的工作措施。

(2)工程不配套和老化破损影响农民用水户协会的推广和正常运行。

协会管辖的工程多为斗渠以下工程。协会的正常管理要求斗渠以下工程具备正常输水、水量调度、量水的功能。但实际状况却有很大距离,其历史原因主要为:我国骨干工程基本由中央政府投资,而斗渠以下的工程则主要靠地方政府投资及农民投劳建设,由于地方政府投资往往不到位,使得斗渠以下工程完好率普遍较低,相当一部分灌区由于多年来国家对支渠及其以下田间工程的更新改造基本上没有投入,使得建设时先天不足,原本破损的田间水利基础设施得不到改善,大面积推广用水户协会存在困难。

(3)"两委会合一"限制了协会自主能力的发展。

"两委会合一"指大多数以行政村为范围建立的协会中,相当一部分协会执委会成员由现任村委会成员担任,协会主席由村委会主任或副主任担任。由于大多数协会是依照行政村为边界建立的,因此在实际操作中,协会执委会成员大多是村委会成员,也就是给村委会另挂了一个牌子。这使得协会很难独立运作,不能真正实现农民的参与式管理。

(4)政府对农民用水户协会的支持不够。

建立农民用水户协会涉及灌区现行管理体制和运行机制及有关政策、法规,同时也涉及到农民的切身利益和有关单位的经济利益。因此,协会组建完成后,不等于大功告成。由于协会执委会人员本身素质以及缺乏必要的管理知识和专业技术等因素的影响,在运行中难免出现这样那样的问题和困难,如不及时给予帮助,可能会导致协会难以运转下去。所以在实际工作中,还需要政府和供水单位跟踪服务,加强指导。但在有些地方,农民用水户协会一成立,基层政府就撒手不管,结果当农民用水户协会还没能正常运转,灌溉活动就无人组织,显而易见,效果很差。

灌区农民用水户协会绩效评价就是通过对灌区农民用水户协会在建设运行期间组织建设、工程现状及维护、用水管理以及经济效益等方面工作的成效及问题进行深入分析,做出合理、全面、客观的评价,总结农民用水户协会在建设与运行过程的有效做法和经验教训,为今后协会的建设管理提供经验和建议。

1.2 参与式灌溉管理在国内外发展现状

1.2.1 国外用水户参与灌区灌溉管理的发展现状

"用水户参与灌溉管理"(PIM)是20世纪80年代中期以来国际上灌溉管理体制和经

营机制出现的一项重大变革,引起了许多国家和国际组织的重视。其背景是:20 世纪 60 年代至 70 年代,许多发展中国家为了加快经济发展、解决粮食和农产品供应短缺问题,兴建了一大批灌溉工程,其中很大一部分由世界银行等国际机构支持兴建。这些灌溉工程一般由政府承贷,从枢纽、干支渠到田间工程一次配套完成。建成的工程,作为公共设施由政府组建专门机构负责运行、维护和管理,通常是从枢纽一直到田间,用水户基本上不参与管理,所交水费不足以维持运行维护和管理开支,亏损部分由政府补贴。许多国家逐渐认识到,成本回收不足、缺乏维护、基础设施老化陈旧、灌区服务质量下降、灌区面积减少、农业减产、农民不满以及农民不愿交水费等实际上已经构成了部分恶性循环,而这种恶性循环是政府直接管理所不能克服的。同时,农民对工程的运行维护状况和提高水的利用效率并不关心,工程老化损坏、管理技术落后、用水浪费等现象比较普遍。因此,许多国家认识到需要用水户参与灌溉管理,要建立起一种机制,让用水户成为工程主人并担负起工程管理的责任。截至 2002 年,约有 43 个发展中国家正在或者已经将灌溉管理权转移给农民用水户(灌溉管理转权,Irrigation Management Transfer);而对于大多数发达国家来说,灌溉系统的管理早就是农民用水户自己的责任(韩丽宇,2001;理查德·瑞丁格,2002;钟玉秀,2002;张平,2005)。

(1)埃及:从 1996 年开始,埃及成立了以农民为主的用水户协会,农业、水利、财政、法律等部门派代表参加。国家将已建好的田间固定灌水渠系移交给用水户协会管理,由他们负责节水灌溉技术的培训及渠系的维修、运行和管理等,其费用由使用灌溉水的农民根据面积和作物分配负担。埃及政府认为,除尼罗河不能移交外,凡是用于农业灌溉的各级渠系均可以移交给用水户协会。目前,高级渠系的维修、运行和管理费用较高,农民难于承担,以后随着农民收入的提高,逐年提高移交渠系的级别(唐正平,2002;Mahmoud M. Moustafa,2004;Hussein Elatfy,2005)。

(2)菲律宾:在菲律宾,水资源的利用、治理和保护的基本原则和框架都概括在 1976 年的《水法》(Water Law)内,政府制定了发展灌溉协会的新策略,鼓励灌溉用水户协会或协会联合会承担灌溉工程的运行维护管理工作。菲律宾政府于 1963 年成立了国家灌溉管理局(National Irrigation Administration),负责灌溉工程的兴建和修复。1974 年,国家灌溉管理局实施一项计划,即 5 年内逐步取消对灌溉工程运行维护的补贴费,直接依靠向农民收取水费来支付工程的运行和维护费用。

(3)印度:在印度,农民管理地表水和大多数小型集雨灌溉设施(面积在 60 ~ 2 000 hm²)。大中型灌溉设施由政府机构——灌溉局来管理。现在,越来越多的州政府通过用水户协会的形式促使农民参与末级渠系的管理与维护(Mark Svendsen 等,2003)。2002 年,印度国家水法强调指出,农民用水户协会应该参与末级渠系水利设施的管理与维护,并最终将这些设施的管理权移交给用水组织,并且强调了妇女在其中的地位与角色(National Water Policy,2002)。其中,Andrna Pradesh 省特别采取了"一步到位"的做法,即 1998 年在取得政府的支持后,该省的 480 万 hm² 灌区一次性全部建成农民用水户协会,10 292 个农民会员管理着灌区,渠道尾端区域的供水情况已得到改善,灌区面积扩大。

(4)阿尔巴尼亚:阿尔巴尼亚政府在 1994 年通过了《用水户协会灌溉法规》(The Irrigation Code and the Regulation for Water Users Associations)。这部法律为用水户协会的发

展提供了基本框架。到 2004 年,已有超过 400 个农民用水户协会管理 9 万 hm² 的灌溉土地,受益农户大约为 20 万人,农民用水户协会管理干渠、支渠与田间工程,他们民主选举,主要从事灌区的维护与管理,参与系统修复的设计与监督,收取水费。工程管理局监督协会的运行和重建项目(Ylli Dedja,2004)。

(5)墨西哥:墨西哥联邦政府于 1989 年批准了将支渠及以下工程的运行管理、维修责任转让给农民用水户,由用水户成立用水户协会自己管理,国家只负责管理总干渠及水库、河流等重要工程。1990 年,政府在试点的基础上,通过建立大型的农民管理的用水户协会,将灌区移交给农民。截至 1996 年,已经组建了 372 个用水户协会,共控制 292 万 hm² 的灌溉土地。结果证明,大部分农民用水户协会能够对其灌区进行高效的运行和维护,对渠道的维护修理和运行可以严格按专业水平和计划进行,资金也能及时足额到位,同时还能引进高效的现代管理技术。用水户协会成员经过良好的培训并有很高的积极性,灌溉系统运行得到了改善,供水更符合农民的要求,排水系统也运行良好(Sergio Mario Arredondo Salas,2004)。

(6)巴基斯坦:巴基斯坦政府于 1982 年颁布了《用水户法规》,开始组建农民用水户协会,让农民参与末级渠系的用水管理。1997 年,通过了新的法规,为用水户组织的建立与运行提供了基本的法律框架。2000 年,Punjab 省南部的三个用水组织与当地的灌溉排水局签署了灌溉管理权的移交协议,这是巴基斯坦第一次将灌溉管理权移交给用水户组织(Muhammad Latif 等,2003)。

(7)土耳其:土耳其在 1954 年就立法允许将国有小型灌溉工程由国家水利工程总局(General Directorate of State Hydraulic Works)移交给农民用水户协会。从 20 世纪 60 年代初期,国家水利工程总局制订了一项计划,即把二级和三级配水网络的运行和维护责任转移给用水户组织。截至 1997 年,由于灌区管理体制改革和世行的援助,土耳其将总灌溉面积在 10 万 hm² 以上的大型灌溉系统中 50% 以上的管理权移交给了农民用水户协会管理。这一行动产生了良好的效益,增加了运行和维护的资金,灌溉用水分配更为合理,灌溉设施的维护得到了改进,渠道运行和维修成本回收接近 100%(移交前回收率仅为 20%),与灌溉有关的矛盾和冲突减少了 98%,粮食产量大大增加,政府在灌溉运行和维护方面的费用减少了 64%(Hassan Ozlu,2004)。

对于发达国家,如美国、澳大利亚、法国、日本等,已基本上将政府下属的专管机构的灌溉管理权移交给了用水户。美国用水户通过成立灌区和渠道公司两种形式参与灌溉管理,并且有一系列的法律法规来保证其运行(毛广全,2000)。灌区在开工建设时,由用水户共同申请,财政部借钱,未还清前,资产归政府所有,用水户自主经营,钱还清后,资产全部交给用水户。在用水户组织内设有理事会,通过召开会议讨论有关事宜,理事会的成员由选举产生,由理事会聘用管理人员、工程师负责配水和渠道的运行管理,并且公开配水和财政情况。工程从建成之日起就按成本交费,它不是企业,是一种特殊的非盈利性组织,法律给他们地位保证,任何人不能平调它的资产,任何人不能往里安排人员。它与政府的水利局不是上下级关系,只有业务指导关系,完全是一种自治的、民主管理的制度。这是一种比较完善的管理制度(陈艳丽,2005)。

日本则是结合土地整理工作调动农民参与灌溉管理(Yukio Tanaka 等,2005;Henning

Bjornlund,2003）。大型灌区一般由农户联合起来共同倡议,中央、省、市征求农户意见,在2/3 以上农户同意修建的情况下,立项、批准,农民不需投入资金,工程建设经费由各级政府共同负担。建成后,由受益者代表选举组建管理机构,招聘管理人员,政府有关部门代表组成监事会进行管理监督,管理与欧美相似。水费在法律上规定由农民自己负担,但事实上农民负担很少,大部分由地方政府承担了,这一点和欧美不同。

不论是发展中国家还是发达国家,农民用水户协会成立以及保证良性运转的基本条件可以归结为以下几点（Ruth Meinzen-Dick,1997;Mark Svendsen,1997;许志方等,2002;张平,2005）：

（1）基本条件,即灌溉工程的完好程度。在灌区的管理权移交之前,国家要对渠道进行衬砌和修复,然后再移交给农民用水户协会。

（2）国家政策和法律的支持。每个国家都制定相关的法律和规范,赋予农民用水户协会一定的权利,并规定相应的义务与责任。保证用水户协会有法可依,能依法行事。而且强调用水户协会必须进行登记,取得合法地位。

（3）用水户协会的组织严格按照章程,用水户协会内部必须有完善的规章制度。

（4）实施模式与规模要因地制宜,不能一概而论。

（5）用水户协会的组建必须有清晰的水文边界。

1.2.2 国内农民用水户协会的发展现状

1.2.2.1 国内农民用水户协会的发展过程

众所周知,我国具有几千年悠久的灌溉文明史。自古至今,农民用水户都是灌溉工程建设和管理的重要力量,许多灌溉工程由政府投资兴建,受益用水户不仅投工投劳参与建设,而且参与灌溉用水的管理和供水渠道的维护。如建于南宋的浙江丽水通济堰灌区,就采取由用水户公开选举"堰首"来全权负责并组织灌区灌溉用水和工程的管理。公元1218 年由用水户自建自管的山西洪洞县通利渠,"渠长"也由灌区农户选举产生,负责组织用水户自主管理灌区。明清时期都江堰灌区的"堰工讨论会",以及很多大中型灌区民选的"斗管会"等,都具有用水户参与灌溉管理的性质,可以说这些是农民用水户协会的雏形（翟浩辉,2006）。

改革开放以来,我国农村实行以家庭承包经营为基础、统分结合的双层经营体制,极大地调动了农民的积极性,农业经营更加精细,单产大幅度提高,农业生产力水平得到迅速发展。但由于灌溉工程和用水管理仍沿袭计划经济体制下的以政府和集体管理为主的方式,造成农田水利基础设施的建设管理和用水管理的责任主体出现"缺位"和"错位",带来了农田水利灌排设施老化、破损,加剧了用水的无序和浪费,灌溉面积不断萎缩,农业效益持续下降。在这种背景下,从 20 世纪 90 年代初,各地积极探索各种形式的用水管理体制改革,农民用水户协会这种用水合作组织应运而生。

综合各方面文献资料,近年我国农民用水户协会的具体推进过程可以分为以下几步（仝志辉,2005;翟浩辉,2006;由金玉,2007）：

1985 年 3 月,我国正式加入亚洲开发银行（以下简称亚行）。

1986 年 7 月,水利部派人参加了亚行举行的"灌溉水费地区讨论会"。会议主要针对普遍存在的灌溉工程建成投产后管理不善,水费回收不好,灌区设施老化失修、难以维持的状况研讨对策,随后向亚行申请了赠款以进行水费改革调研。

1988年,亚行赠款项目"改进灌溉管理与费用回收"正式启动,在我国6个灌区进行了调查研究;在中外专家共同合作完成的项目研究报告中,提到了吸收灌区农户参与灌溉管理的建议;"用水户参与灌溉管理"理念的树立是农民用水户协会建立的前提,参与式灌溉管理理念主张在政府的指导、扶持、授权下,把部分(对大中型灌区)甚至全部(对中小灌区)灌排管理权利和责任移交给用水户进行管理,让用水户以"主人"的身份参与灌区规划、施工建设、运行维护等方面事务(张庆华等,2007)。

1995年,由世行提供贷款的长江流域水资源项目开始实施,世行在项目中引入了"经济自立灌区"(SIDD)的概念;湖北省漳河灌区和湖南省铁山灌区开始进行建立农民用水户协会的改革试点。之后,用水户参与灌溉管理的观念与农民用水户协会这一先进的灌区基层管理模式逐步被更多的人了解与接受(王金霞等,2005)。

从1995年湖北省漳河灌区第一个农民用水户协会成立至今,我国灌区农民用水户协会的发展可划分为两个阶段,即世行项目区的试点阶段和其他地区的发展推行阶段。根据这两个阶段又可将我国目前的农民用水户协会划分为两种模式,即世行模式和其他模式(王雷等,2005)。世行模式是在世行贷款的前提下,在世行项目区内建立的农民用水户协会;而其他模式是在世行和水利部的共同推动下,引用参与式管理的思路建立起来的农民用水户协会,但不受世行的资助。

1.2.2.2 国内农民用水户协会发展现状

我国灌区成立农民用水户协会总体上时间还不是很长,从1995年第一个农民用水户协会成立至今仅有十余年,正处在发展的初级阶段,关于农民用水户协会的政策与法规正在逐步完善。

2002年,国务院办公厅转发的《水利工程管理体制改革实施意见》(国办发〔2002〕45号)中第一次提出水管体制改革要"探索建立以各种形式农村用水合作组织为主的管理体制"。

2003年,民政部颁发了《关于加强农村专业经济协会培育发展和登记管理工作的指导意见》(民发〔2003〕148号)的通知,里面简化了农村专业经济协会登记的条件和程序,解决了用水合作组织登记困难这个难题。

2005年,国务院办公厅转发的《关于建立农田水利建设新体制的意见》(国办发〔2005〕50号)指出,"鼓励和扶持农民用水户协会等专业合作组织的发展,充分发挥其在工程建设、使用维修、水费计收等方面的作用"。

2005年,水利部、国家发展和改革委员会、民政部联合颁布的《关于加强农民用水户协会建设的意见》(水农〔2005〕502号),全面系统地阐述了加强用水户协会建设的重要性、发展的指导思想和原则,规范了协会的职责任务、组建程序和运行管理,明确指出要为农民用水户协会健康发展营造良好的政策环境。

国家制定的"三农"政策、新农村建设等政策都明确提出了要以增加农民收入、促进农村经济发展以及改善农业基础设施为本,特别是从2004～2008年,中央出台的五个一号文件中都提出了要大力发展农田水利建设,尤其是 2007 年的中央一号文件将农民用水户协会的发展作为灌区管理改革的方向提上了议程,在这大好环境下,要积极响应国家的政策,大力发展农民用水户协会。

各项法律法规及政策的出台,为农民用水户协会的良性发展奠定了坚实的法律基础,提供了良好的外部政策环境。农民用水户协会正向"有法可依、依法治水"的新阶段迈进,同时也得到了迅速的发展。

据水利部农村水利司估计,全国有近 30 个省(区)、上百个灌区开展了试点工作,截至 2007 年底,全国已组建 3.7 万个农民用水户协会(李强,2008)。试点经验表明,用水户参与灌溉管理,不仅大大激发了农民的积极性,改善了田间用水管理状况,有效地解决了征收水费难的问题,而且十分明显地减少了水量的浪费,节约了灌溉用水量。同时,用水户参与管理引起了水利界的广泛关注,水利部农村水利司与中国灌区协会先后在四川省都江堰灌区、湖北省漳河灌区、江苏省皂河灌区及湖南省铁山灌区召开专题会议,研究探讨在我国实施参与式灌溉管理的必要性及进展情况。

1.3 本书主要内容

本书以湖北省漳河灌区为背景,根据作者等开展的大量实际调查数据,充分考虑国内外灌区农民用水户协会建设及运行管理中的共性问题,对灌区农民用水户协会进行绩效综合评价。主要内容包括:

(1)农民用水户协会绩效综合评价的理论基础。论述了国内外参与式灌溉管理的发展现状,在总结农民用水户协会实践的基础上,阐述了农民用水户协会绩效综合评价的内涵与外延,提出了农民用水户协会绩效综合评价的构成要素、目的、意义以及原则等内容。

(2)农民用水户协会绩效综合评价指标体系的确立与计算。依据农民用水户协会的发展目标以及组建协会的目的,确立了农民用水户协会绩效综合评价的过程、方法及具体内容,提出了一套适用于我国灌区农民用水户协会绩效综合评价的指标体系,包括协会组织建设、工程状况及维护、灌溉用水管理和经济效益等 4 个方面共 19 个具体指标,并对各指标的数据获取途径和计算方法进行了详细阐述。

(3)基于指标直观对比的灌区农民用水户协会绩效综合评价。调查了漳河灌区 55 个农民用水户协会及其范围内 201 户用水户和 10 个村组,19 个非农民用水户协会范围内的村组及其范围内 49 户用水户,40 个与农民用水户协会相关的管理单位。对农民用水户协会在建立以来的绩效指标进行横向和纵向比较分析,通过分析各指标间的差异,找出造成差异的原因,并且提出相对的改善提高措施,从不同角度全面分析漳河灌区农民用水户协会建立以来取得的成绩及存在问题。

(4)灌区农民用水户协会绩效综合评价。目前,综合评价的方法很多,如灰色关联分析法、模糊综合评判法、神经网络法、物元分析法、投影寻踪法等,但这些方法各有其优点和不足之处。到目前为止,还没有一种方法被大家公认采用。

本书以漳河灌区农民用水户协会为例,分别运用直观对比分析、灰色关联分析、模糊物元分析和投影寻踪分类等四种方法对灌区用水户协会的现状进行了绩效综合评价。其中直观对比分析是针对调查的全部55个农民用水户协会来进行直观评价的,而后三种方法根据在漳河灌区农民用水户协会的相关调查,并依据资料的完整性,选取了42个农民用水户协会作为评价对象,以此来进行协会绩效综合评价。然后,以这三种综合评价方法的评价结果与直观分析法的结果进行对比,比较分析了不同方法的优劣,总结了灌区用水户协会在组建及运行管理中的经验和教训。

第2章　农民用水户协会绩效综合评价的理论基础

2.1　农民用水户协会的概念

农民用水户协会(Water User Association,WUA)是以某一灌溉区域为范围,由农民自愿组织起来的自我管理、自我服务的农村专业灌溉管理组织,属于具有法人资格,实行自主经营、独立核算、非营利的民间社团组织(国家农业综合开发办公室,2005)。简单地说,农民用水户协会就是农民自己的组织,由农民自己管理,为自己服务。用水户协会有管理和使用协会渠系范围内水利工程的权利,也有自主安排灌溉用水的调度权、工程维护与改造的决策权、灌区规划与建设的参与权。

2.1.1　农民用水户协会运行的目标

农民用水户协会运行的目的是使广大用水户及时得到灌溉用水,满足作物对水的需要;加强灌溉用水管理,促进节约用水,使水量分配科学合理;及时对灌溉工程设施进行管理和维护,使灌溉工程设施得以正常和持久运行,提高灌溉工程的使用寿命;节省用水户的用水时间和管水劳动力;减少用水纠纷,提高灌溉效率。

农民用水户协会运行的具体目标是(张庆华,2004;水利部等,2005;由金玉,2007):

(1)在时间、水量和水质上满足用水户灌溉用水的需要;

(2)优化水资源配置,提高用水效率;

(3)加强灌区管理,确保灌溉工程设施的正常运行和持久运行;

(4)增强用水户参与灌溉管理意识和协会自主、自立的观念;

(5)确保灌区资产的保值和增值,逐步实现协会的经济自立,使协会运行达到良性循环和持续发展。

2.1.2　农民用水户协会的职责

用水户协会的主要方针是代表用水户的利益,做好灌溉服务工作,使用水户满意。因此,用水户协会的主要职责是(张庆华,2004;水利部等,2005;陈艳丽,2005):

(1)制订灌区内的用水计划和灌溉制度,负责与供水公司或供水单位签订供水合同或协议;

(2)负责本协会内的灌溉管理,平衡会员之间的利益;

(3)负责灌排设施的日常运行与使用;

(4)组织会员对辖区灌排工程进行日常维修及管理;

(5)负责灌排工程的改建、扩建、更新和大修;

(6)实施节约用水,采用先进合理的灌水方法,减少输水和用水损失,提高水的利用率;

(7)核算水价,制定有关水费收取与使用的管理办法;

(8)按规定进行财务管理,独立会计核算,开展为会员服务的活动等。

2.1.3 农民用水户协会运行的原则

用水户协会要做到有效运行,达到其运行的目的和目标,必须遵循以下原则(由金玉,2007):

(1)规范化。要求对用水户协会的工作严格按规定程序进行,即规定必须要做哪些工作,每项工作如何做、谁来做、何时做,应满足的要求有哪些,达到的结果如何。

(2)制度化。对用水户协会的工作和管理者的行为用制度加以约束,做到有章可循,即对用水户协会工作的要求用书面的形式写下来,讨论通过后形成制度,作为协会工作的标准,按此执行,并把所做的工作记录下来,有案可查。

(3)公开化。将用水户协会的工作公布于众,接受群众的监督,即把规定公布于众,让所有用水户了解工作标准和要求,让用水户明明白白地管水、用水、交费,对协会的工作进行监督。

2.2 农民用水户协会绩效综合评价的内涵与外延

"绩效"(Performance)一词源自中古英语,单从语言学的角度,含义是成绩和效益,是指正在进行的某种活动或者已经完成的某种活动取得的成绩和效益,因而绩效既可以看做是一个过程,也可以看做是该过程的结果。绩效有非常丰富的科学内涵:第一,绩效是客观存在的,是人们实践活动的结果。人们有目的的实践活动,是从确定目标、制订计划开始,经过实施而达到目标或部分达到目标。第二,绩效是产生了实际作用的实践活动结果,只有产生实际效果的活动结果才是绩效。第三,绩效体现了一定的主体与客体的关系,有性质之分。绩效是一定的主体作用于一定的客体所表现出来的效用。第四,绩效体现投入与产出的对比关系。系统的活动包括输入、转换和输出三个环节。对于一个系统,投入少,产出多,则系统的绩效好;投入多,产出少,则绩效不好。第五,绩效应当有一定的可度量性(吴俊卿等,1992)。

现在人们将"绩效"一词广泛地运用在科学评价方面,赋予了其新的全面的定义:"绩"是组织的经营业绩,"效"是组织的管理效率。绩效则是经营业绩和管理效率的统称,其中,经营业绩是指组织者在经营管理组织的过程中对组织的生存与发展所取得的成果和所做出的贡献;管理效率是指在获得经营业绩过程中所表现出来的组织发展创新能力和核心竞争能力。

所以,在此认为"绩效评价"也就是运用数量统计和运筹学等方法,采用特定的指标体系,对照一定的标准,按照一定的流程,通过定性、定量分析,对组织在一定时期的整体运行结果和效率,做出客观、公正和准确的综合评判,以反映组织的运营能力、发展能力以及效益等各个方面,为组织成员及利益相关者提供有效信息,为改善组织绩效提供指导建议（Ghalayini 等,1996）。

从事任何一项工作,都要通过对该活动所产生的效果实行度量和评价,以判断这项工作的绩效及其存在的价值。在农民用水户协会管理中,为了使农民用水户协会健康发展,就必须全面、科学分析和评价农民用水户协会的运营绩效。

因此,农民用水户协会绩效综合评价就是通过建立合理全面的评价指标体系,利用一定的方法和技术手段,对农民用水户协会的组织建设、运行情况及其影响和效果等过程,进行动态的调查和统计,准确掌握有关农民用水户协会的各方面信息,进而从建设、运行、管理和效益等方面,进行科学分析和客观评价。

对农民用水户协会进行绩效综合评价是农民用水户协会建设的一个重要组成部分。对农民用水户协会的组建、运行、管理的全过程进行评价,有利于总结经验和教训,及时对农民用水户协会的各方面工作进行指导和改进,提高农民用水户协会运行的质量和效果,及时更新和掌握农民用水户协会的有关信息,为农民用水户协会的发展指明道路与方向,保障农民用水户协会健康、稳步地向前发展。对农民用水户协会绩效的综合评价,应遵循以下几个环节：

（1）确定评价目标——进行绩效综合评价；

（2）设计评价指标——获取评价信息；

（3）选择评价标准——建立评价的参考体系；

（4）形成评价结论——形成价值判断；

（5）指明努力方向——以评价促发展。

2.3　农民用水户协会绩效综合评价的构成要素

农民用水户协会的绩效综合评价对改进农民用水户协会管理,发挥其优势有着十分重要的作用。为了保证其效果,应该对绩效综合评价的构成要素有充分的、科学的认识。有效的农民用水户协会绩效评价体系应该包括以下相互联系、相互影响的要素。

2.3.1　评价主体

评价主体是评价行为的发动者。只有确定了评价主体（谁来评价）和评价目的（为什么评价）,才能进一步确定评价客体（评价什么）和评价方法（如何评价）。绩效评价与农民用水户协会（WUA）的自我评价不同,自我评价是 WUA 内部的一项工作内容,而绩效评价则是从 WUA 外部切入的；绩效评价与协会的监督管理不同,监督管理主要是针对 WUA 实施而开展的督促与检查工作,而绩效评价主要是从各个角度对 WUA 进行调查分析与评价。所以,自我评价的主体是 WUA,监督管理的主体是 WUA 的主管单位,而绩效评价的主体应由 WUA 主管单位与社会第三方评价机构以及协会内部人员组成,WUA 执行单位和 WUA 本身在开展工作过程中给予密切配合（李强,2008）。

2.3.2　评价客体

所谓评价客体,就是评价行为实施的对象。它包括被评价的协会和协会经营者两个方面,两者既有联系又有区别。评价对象是一个变动的范畴,由评价主体根据评价目的来确定。必须清楚地认识到评价对象的确定非常重要,因为评价结果对评价对象会产生深远影响。本书的评价对象是漳河灌区农民用水户协会。

2.3.3 评价目标

评价目标是用来指导整个绩效评价工作的,一般根据农民用水户协会绩效管理目标、实际情况以及发展目标来确定,从而能够及时发现并纠正运行中出现的问题(陈万明等,2004)。评价目标是否正确、具体和符合实际,关系到整个评价工作的方向是否正确。

2.3.4 评价指标

评价指标是农民用水户协会绩效评价内容的载体,是实施协会绩效评价的基础,也是协会绩效评价内容的外在表现。协会绩效评价指标必须充分体现协会绩效的基本内容,建立逻辑严密、相互联系、互为补充的体系结构。协会绩效评价指标体系是指为实现评价目的,按照系统论的方法构建的由一系列反映被评价协会各个侧面的相关指标组成的系统结构。评价指标根据反映的内容不同分为定量指标、定性指标。定量指标就是数值分析指标。定性指标一般采用基本概念、属性特征、通行惯例等对评价对象的某一方面进行语言描述和分析判断,达到分析问题和解决问题的目的,定性指标的特点是外延宽、内涵广,难以具体化。但定性指标能将不易或无法定量却反映了协会某方面潜在因素的指标纳入评价范围。本书为了增强评价工作的科学性和严密性,扩大协会绩效评价结果的信息量并增强评价体系的灵活性,从协会组织建设、工程状况及维护、灌溉用水管理和经济效益等方面确定了多层次评价指标体系。

2.3.5 评价标准

评价标准是对评价对象进行分析评判的标尺,是协会绩效评价的参照系。某项指标的具体评价标准,是在一定前提条件下产生的,它具有相对性(曲亮,2004)。由于评价的目的、范围和出发点不同,必然要有相应的评价标准与之相适应。随着社会不断进步、经济不断发展、协会的不断变化和调整,作为评判尺度的评价标准也就不可能是一成不变的。因此,从某种意义上说,评价标准是相对的、发展的、变化的。但是,在特定的时间和范围内,评价标准又必须是一定的。本书在采用投影寻踪分类方法进行绩效综合评价时,采用纯客观的评价方法,故只对协会绩效进行排序,然后采用最优分割法对该有序样本进行聚类;在采用灰色关联分析及模糊物元分析时,绩效评价体系的评价标准根据行业标准按经验选取。

2.3.6 评价方法

评价方法是协会绩效评价的具体手段。有了评价指标和评价标准,还需要采用一定的评价方法来对评价指标和评价标准进行实际运用,以取得公正的评价结果。没有科学、合理的评价方法,评价指标和评价标准就是孤立的评价要素,失去其本身存在的意义(张蕊,2003)。同时,针对协会管理水平的不同,要采取不同的评价方法和手段,原因是每个协会都有其独特性和一定的局限性。所以,评价方法是协会绩效评价的核心内容之一。常用的绩效评价方法主要有功效系数法、灰色关联法、主成分分析法、因子分析法、层次分析法、模糊评价法等。针对农民用水户协会的发展特征以及通过对比分析各种评价方法的优缺点,本书采用直接对比分析、灰色关联分析、模糊物元分析和投影寻踪分类四种方法进行协会绩效综合评价。

2.3.7 评价报告

绩效评价报告是绩效评价系统的结论性文件,是绩效评价体系对外的信息输出。评价的最终目的是为了发现问题并进行绩效改进。其内容包括对评价对象灌区农民用水户协会绩效优劣的结论、存在问题及其原因分析等。在进行结果分析时,还应特别考虑外部环境以及各种有利、不利因素对协会绩效状况的影响,并结合协会近年来的发展情况,对协会未来发展趋势进行必要的预测。

上述七个要素共同组成一个完整的绩效评价体系,这些要素并不是彼此孤立的,它们之间相互联系,相互影响,彼此作用。一个绩效评价系统的运行可以这样描述:特定的评价主体对于特定的评价客体,根据其需求确定好评价目标,围绕该目标确定相应的评价指标,把它们组合在一起构成指标体系对客体的绩效进行评价,并把得到的数据采用一定方法与设定的评价标准进行比较,作出评价报告,从而帮助评价主体确定目标是否实现及应采取何种决策。在这中间,评价主体的需要决定了评价的目标,而评价指标和标准的确立都是围绕着该目标进行的,指标和标准的选择又会对评价客体的行为发生影响,进而会影响到比较的结果,这个结果最终影响评价主体的判断和决策。

绩效评价系统中各主要要素的关系见图 2-1 所示。

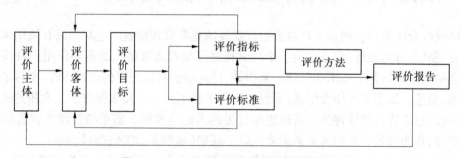

图 2-1　WUA 绩效评价构成要素之间的关系

2.4　农民用水户协会绩效综合评价的目的

农民用水户协会绩效综合评价的目的就是通过对灌区农民用水户协会在建设运行期间组织建设、工程状况及维护、灌溉用水管理以及经济效益等方面工作的深入分析,做出合理、全面、客观的评价,并就用水户协会在运行过程中出现的问题加以讨论,有利于总结农民用水户协会在建设与运行过程的有效做法和经验教训,为今后协会的建设管理提供规范和建议,更好地为灌区末级渠系产权制度改革、灌区水管理体制改革以及社会主义新农村建设服务。

2.5　农民用水户协会绩效综合评价的意义

为了掌握灌区农民用水户协会运行进程以及建立多年来取得的成效,同时找出农民用水户协会在建设及运行管理中存在的问题,对农民用水户协会的组建和运行及时进行指导与管理,提高农民用水户协会运行的质量和效果,需要对灌区农民用水户协会进行绩效综合评价。

对灌区农民用水户协会进行绩效综合评价的意义在于:

(1)通过绩效综合评价中各评价指标的优劣,分析协会各方面的差异,总结经验教训,推动农民用水户协会在全国范围内的推广应用;

(2)通过绩效综合评价,带动协会的长久规范、合理、适宜的发展,促进灌区可持续发展,提高社会经济活力和当地农民的生活水平;

(3)通过绩效综合评价使灌溉工程得到更加有效的管理和维护;

(4)通过绩效综合评价增强地方和受益农民对灌溉管理的民主参与,提高广大用水户的积极性。

因此,为灌区的基层灌溉管理的可持续发展提供科学、客观、合理的保证,推进农民用水户协会的长久发展,建立一套有效的绩效评价体系对灌区农民用水户协会进行绩效综合评价就显得相当重要。

2.6　农民用水户协会绩效综合评价的原则

绩效综合评价是农民用水户协会运行发展的重要管理措施。它对保证农民用水户协会沿着正确的方向发展、促进协会工作的顺利进行起着无可替代的重要作用。农民用水户协会的绩效评价是从技术和管理上来指导、促进协会自我完善的过程,既需要有了解国家政策,熟悉农民用水户协会组建、运行与管理的技术人才以及掌握评价技术和方法的机构或专家,也需要有指导评价人员思想和行为的理论与准则。鉴于绩效综合评价的特点和重要性,作为绩效评价的人员必须遵循以下原则(水利部,2006;李强,2008):

(1)独立性原则。所谓独立性原则就是绩效评价人员应该是协会执行实施者、管理运行者以外的第三方,至少必须以第三者角度进行综合评价。也就是说,绩效评价必须独立于农民用水户协会之外,包括评价的内容、评价的标准、评价人员的配备等。绩效评价人员既不代表协会执行实施和管理的任何一方,也不站在农民用水户等受益的一方。

(2)客观性原则。绩效评价人员应依据客观规律,坚持一切从实际出发,保持客观的态度和深入调查研究、实事求是的工作作风,正视事实,不带有任何偏见,排除一切人为干扰,力求评价结果能如实地反映协会组建前后在组织建设、工程状况及维护、灌溉用水管理以及经济效益等方面的差异,并对有关问题提出科学、准确的合理化建议。

(3)科学性原则。进行评价时,能定量说明的尽量进行定量分析,无法定量的再定性说明。

（4）实用性原则。绩效评价对协会发展中的决策有较重要的影响，必须具有实用性。为了保证绩效评价合理有效，并能对协会发展进程产生作用，绩效评价人员应能广泛听取各方面的意见，解决关键问题，所总结的经验教训有可借鉴性，并能提出具体的措施和要求，使人能从绩效评价信息中受到启发。

（5）可靠性原则。除要保证评价结果客观、公正、无偏见外，还要保证数据来源和分析处理的可靠性。

（6）透明性原则。绩效评价结果必须客观、公正、合理，应该经得起有关各方的检验和时间的考验。绩效评价过程的本身也应该有一定的监督和约束机制，以防出现一些违反绩效评价基本原则的事例（Muhammad Latif 等，2003）。

2.7　本章小结

本章介绍了农民用水户协会的基本概念，同时详细地介绍了农民用水户协会运行的目标、职责、工作内容以及原则。

通过介绍绩效评价的概念，从而提出了农民用水户协会绩效综合评价的内涵、构成要素、目的、意义和原则，为下一步进行灌区农民用水户协会绩效综合评价奠定了基础。

第3章 农民用水户协会绩效综合评价方法

本章介绍了农民用水户协会绩效评价的工作步骤、过程与方法,提出了一套适用于我国灌区农民用水户协会绩效综合评价的指标体系,并对各指标的数据获取途径和计算方法进行了详细阐述。根据评价指标所涉及的具体要素,设计了37种不同的调查表格。鉴于有些指标的计算与灌区实际情况有关,本章以湖北省漳河灌区为背景进行介绍。

3.1 漳河灌区农民用水户协会基本情况

3.1.1 漳河灌区基本情况

3.1.1.1 基本情况

漳河灌区位于北纬 30°00′~31°42′、东经 111°28′~111°53′。漳河灌区地跨荆州地区、宜昌地区、荆门市的江陵县、钟祥县、当阳县和荆门市。灌区内地势自西北向东南倾斜,海拔 25.7~120 m。灌区南北长约 85 km,东西宽约 60 km,总自然面积为 5 543.93 km²。整个灌区可分为丘陵和平原,其中丘陵地区自然面积 4 658.64 km²,占总面积的 84%;平原地区自然面积 885.29 km²,占总面积的 16%。

漳河水库于 1958 年 7 月动土兴建,1966 年 4 月建成并投入运用。可拦蓄雨水的流域面积 2 226 km²。漳河水库总库容 20.35 亿 m³,其中兴利库容 9.24 亿 m³,防洪库容 3.43 亿 m³,结合库容 1.08 亿 m³,死库容 8.65 亿 m³,是一座以灌溉为主,兼有防洪、城市供水、发电、水产、航运、旅游等综合效益的大型水利工程。

3.1.1.2 气象水文

漳河灌区属亚热带大陆性气候区,气候温和,无霜期长,雨量充沛。

灌区年平均气温为 17 ℃左右,年内气温相差很大,变化比较剧烈,最高 40.9 ℃,最低 -19.0 ℃,最热月份在 7、8 月份,平均气温为 28.1~37.8 ℃;最冷月份在 1、2 月份,平均气温为 2.7~4.8 ℃。流域内年蒸发量为 600~1 100 mm,月最大蒸发量为 250 mm,月最小蒸发量为 4.8 mm。全年无霜期为 246~270 d。流域属长江中下游暴雨区,年降水丰富,多年平均降水量为 970 mm。降水在地区上分布不均,南大于北,西大于东;年内分配不均匀,4~10 月份降水占全年降水的 85%,7、8 两月则占全年的 1/3 以上。

漳河径流主要来源于降雨,径流也具有和降雨同样的特点。4~10 月径流量占全年的 89.4%,7~8 月份占全年径流量的 24%。年际分配不均匀,年最大径流量相差约为 5.3 倍。灌区内这种降雨特点,使得春旱、夏旱、伏秋连旱、冬旱和梅雨期、洪涝均有发生,给农业生产带来不利影响。

3.1.1.3 农业生产情况

因灌区内降雨比较丰富,在灌区主要种植水稻。不同地区根据不同的水文地质条件,分别种植早稻、中稻、一季晚稻、双季晚稻。除水稻外,灌区内还种植有棉花、小麦、油菜等旱作物。

水库全面开灌以来至今,灌区内作物种植面积比例发生了明显变化。综合考虑灌区作物种植随水文年份变化情况,为便于分析,将灌区自1966年至2006年分为四个阶段,四个阶段作物的年均种植面积见表3-1。

表3-1 灌区作物年均种植面积统计

阶段 (年)	年均种植面积(万亩❶)								
	水稻				旱作物				合计
	早稻	中稻	晚稻	小计	小麦	棉花	油料	小计	
1966~1978	58.32	147.01	53.59	258.92	18.55	4.95	5.09	28.59	287.51
1979~1988	20.97	185.68	17.34	223.99	21.05	8.96	21.53	51.54	275.53
1989~1998	21.84	111.19	25.38	158.41	40.84	5.81	41.92	88.57	246.98
1999~2006	9.76	145.84	8.23	163.83	—	—	—	78.21	242.04

注:表中"一"表示灌区1999~2006年每年旱作物种植暂无具体数据资料。

由表3-1可看出,灌区内作物种植面积有所减少,特别是进入第四阶段以后,比第一、第二阶段280万亩年均值减少了约14%。其中水稻种植面积整体下降趋势明显,进入1989年后,第三、第四阶段平均水平比第一阶段约下降了29.1%及36.7%。进入20世纪90年代以后,水稻占作物种植比开始下降,由第一、第二阶段的80%~90%下降到第三、第四阶段的70%左右。另外,进入第四阶段灌区中稻种植占水稻比例日益提高,四个阶段中稻种植占水稻比例依次为56.8%、82.9%、74.3%及89%。旱作物及经济作物等种植面积逐步上升,由早期的10%逐步提高到30%左右的稳定水平。

因此可以得知,近年来,随着种植结构的调整,水稻品种以中稻为主,由于该区旱作物基本不灌溉,灌区主要灌溉作物为中稻。灌区设计灌溉面积226万亩,目前旱、涝保收面积223.5万亩。

3.1.1.4 灌区工程

漳河灌区工程地跨荆门、江陵、钟祥、当阳4县(市),布置有总干、干渠、分(支)干、支渠、分渠、斗渠、农渠、毛渠等八级渠道,总长为7 167.65 km。建有渡槽、隧洞、各类水闸等渠系建筑物16 061座。除漳河水库外,灌区内建有其他中小型水库314座,总库容8.45亿m³。其中,中型水库24座,总库容4.94亿m³,兴利库容2.62亿m³,小(1)型水库97座,总库容2.82亿m³,兴利库容1.81亿m³,小(2)型水库193座,总库容0.69亿m³,兴利库容0.47亿m³。塘堰81 595口,蓄水能力1.09亿m³。下游沿长江、汉江、长湖一带新建155 kW以上泵站83处,总装机237台81 181 kW,设计提水流量131.46 m³/s。基本形成了以大型水库为骨干,中小型水利设施为基础,泵站作为补充的大、中、小相结合,蓄、引、提相结合的水利灌溉网络。

---

❶ 1亩=1/15 hm²。

3.1.2 漳河灌区农民用水户协会发展概况

我国对水资源实行统一管理与分级管理相结合,灌区管理实行专业管理和群众民主管理相结合的管理体制。漳河灌区自1966年以来,用水户参与灌溉管理,从低级到高级、从被动到主动、从不自觉到自觉,前后经历了三个阶段(杨平富,2003):

第一阶段(1966~1979年),为计划管理阶段,灌区管理单位不收水费,管理单位干部职工吃"大锅饭",用水户用"大锅水";灌溉调度采用行政命令的方式。这一阶段灌区设立有管理委员会和抗旱指挥部,由各地、县、区行政首长组成,并派代表进驻各管理处、段,用水户选派的常年、季节性管水员回本队拿取工分报酬,由于用纯行政手段,用水户参与灌溉管理流于形式,致使漳河水库开闸早、关闸迟、流量大、输水时间长,其水量浪费十分严重,年平均灌溉供水量达5.8亿 m³,13年中有8年抽漳河水库死库容灌溉,水库运行呈恶性循环局面。

第二阶段(1980~1994年),漳河灌区采用了"按田配水、计量收费"的管理制度,并开始由供水单位计收水费,虽然水价很低(从每立方米水0.005元到0.01元),但发挥了经济杠杆作用。1990年,湖北省人民政府发布了13号令——湖北省水利工程水费核定、计收和管理实施办法,对农业供水计量点、水价、水费征收、使用办法等作了详细规定。其中,规定计量点为支、分渠进口,这就以法规的形式规定了用水户对支、分渠以下的小型水利工程负有直接运行维护与加强管理的职责。用水户派驻到管理处、段的农民管水员由供水单位发给生活补贴,使用水户成为灌溉管理的直接责任人。建立了自我管理的管水组、配水组,负责向管理段接水,向本灌区送水,并行使向用水户计量、结算水费的职责,但水费征收仍由各级行政机构负责。这一阶段的节水效益比较显著,漳河水库年均灌溉供水量由5.8亿 m³ 下降到3.1亿 m³,年平均节水2.7亿 m³。

第三阶段,从1995年开始,在中央、省、市各级领导的重视和世界银行的帮助下,漳河灌区进行自主管理灌区试点工作。按照"供水单位 + 农民用水户协会"的模式对灌区管理体制进行全面改革,即对灌区主要灌溉管理单位进行内部体制改革,对支、分渠以下末级渠道组建农民用水户协会,着力研究解决支、分渠以下进行田间配水和维护、发挥其整体效益、实现良性运行的问题,探索提出了"供水单位 + 农民用水户协会"的新型灌溉管理模式。在多方努力下,1995年6月16日,全国第一个农民用水户协会——漳河灌区三干渠洪庙支渠农民用水户协会组建成立并投入运行。1995年9~11月先后又组建了仓库、九龙、老山、楝树等4个农民用水户协会。经过这些协会的试点建设,积累了一些经验和教训,初步显示了农民用水户协会的作用。

农民用水户协会试点的成功,使灌区农民看到了协会给他们带来的好处,纷纷自发成立协会。漳河灌区按照第一个协会的组建模式和取得的试点经验,广泛宣传发动,遵照边组建、边规范的原则,逐步在漳河灌区推广组建农民用水户协会。截至2005年(杨平富等,2005),漳河灌区已先后成立了67个农民用水户协会,灌溉面积达4.17万 hm²,涉及252个行政村,1 268个组,46 746户农户,主渠长达610 km,引水流量达91.3 m³/s,有协会代表1 366人,基本实现了"供水单位 + 农民用水户协会"的管理模式。1995~2002年,漳河水库年均灌溉供水量1.9亿 m³,比第二阶段年平均供水量还节约1.2亿 m³。在已建的 67 个协会中,共有三种组建方式:一是以分干渠为单元,其灌溉面积大于 1 333 hm²;二是以支、分渠为单元,其灌溉面积为 333~667 hm²;三是以干渠上多个取水口联合组建的协会,其灌溉面积为 200~333 hm²。这些协会执委会成员基本都是农民通过民主选举产生的地地道道的农民,协会代表有部分村民小组组长参加,考虑到干渠的防汛巡堤和灌溉调度,协会有供水二级单位的一名职员参与技术管理与防洪保安的协调工作。通过对农民用水户协会的建设,漳河灌区的改革与建设取得了一定的效果。

3.2 农民用水户协会绩效综合评价过程与方法

本次漳河灌区农民用水户绩效综合评价主要包括以下几个阶段:

(1)确定农民用水户协会绩效综合评价计划。

在这个阶段,需要确定以下 6 个方面的内容:

①评价的目的、动力及期望的结果;

②对协会机构活动的哪些方面进行评价;

③和谁进行评比及对哪些性能方面进行评比;

④评价指标的确定;

⑤需要收集哪些数据,数据是否可获得;

⑥数据如何收集及处理。

关键:相关研究成果的调研、资料查阅,确定评价对象和选择评价指标。

(2)农民用水户协会相关数据调查收集。

相关数据的收集是评价活动的核心,为后期的比较、分析处理提供了可靠的具有可比性的数据和资料。

①收集、整理、分析漳河灌区农民用水户协会已有的相关历史数据资料;

②制定相关调查表格;

关键:确定为获得相关评价指标必须调查收集的相关数据;设计相关调查表格。

为全面反映农民用水户协会的绩效,需针对不同的对象进行数据调查和分析。本次考虑到与农民用水户协会相关的对象,共分为七类表格进行实地调查和数据分析,包括:针对灌区范围内所有农民用水户协会的调查表,针对建立农民用水户协会的村组调查表,针对没有建立农民用水户协会的村组调查表,针对农民用水户协会范围内的用水户调查表,针对没有建立农民用水户协会的农户(用水户)调查表,针对与农民用水户协会相关单位的调查表,农民用水户协会纵向跟踪调查表。

在进行相关调查时,注意农民用水户协会结合自己的实际情况采取的运作和发展模式,注意他们在多年的运作过程中取得的良好经验,以及存在的困难。

③确定调查样本及年份;

基本情况调查针对所有用水户协会开展,其他样本根据总干、一、二、三、四干渠的控制面积随机抽取。不同对象的样本数见表3-2。

表 3-2　调查样本数及数据量统计

调查对象	样本数(个)	数据量(个)	备注
农民用水户协会	55	10 890	漳河灌区农民用水户协会
农民用水户协会范围内的用水户	201	13 467	
建立农民用水户协会的村组	10	1 360	
没有建立农民用水户协会的村组	19	2 584	随机选取样本
没有建立农民用水户协会的农户	49	3 283	
与农民用水户协会相关的单位	40	760	
农民用水户协会纵向跟踪调查	8	1 400	
总计	382	33 744	

资料收集和调查年限:基本情况调查针对建立协会前的 1999 年(漳河灌区大部分协会在 2001 年建立)、建立协会后的 2006 年,其中选择典型协会针对灌溉用水情况、水费征收、作物产量等指标逐年收集资料。而横向对比针对 1999 年及 2006 年开展调查。

④开展数据调查。

在 2007 年灌溉开始后及灌溉结束后分别开展一次调查,灌溉开始(于 2007 年 7 月 15 日~28 日)主要调查历史资料(协会建立之前以及协会建立后到 2007 年)、基本情况以及 2007 年的种植情况等;2007 年灌溉结束后(于 10 月 5~10 日)详细调查 2007 年的有关数据。两次共调查样本数据 33 744 个。

鉴于 2007 年漳河灌区降雨量较多年平均值增加很多,在用水水平、水费征收、水稻产量等方面都不具备代表性,因此相关数据(特别是灌溉用水方面数据)以建立协会前的 1999 年与协会建立后的 2005 年(平水年)或 2006 年(偏丰水年)进行对比。

(3)农民用水户协会相关数据分析。

①汇总且处理数据,进行机理探讨;

②确定绩效指标差异;

③寻找绩效指标差异的原因;

④为了减少绩效差异应采取的改进措施。

(4)农民用水户协会绩效综合评价。

建立综合绩效评价模型,进行绩效评价。而后进行原因分析,提出改进绩效的措施和建议。

(5)不同评价方法的综合对比分析。

为了对农民用水户协会能够进行更加合理、有效地绩效评价,应采用多种方法进行综合评价,并比较不同方法之间的差异性,分析产生差异的原因。

(6)总结经验及教训。

综合各种评价方法的结果,总结提高灌区农民用水户绩效的经验,分析阻碍协会绩效发挥的教训及原因,明确进一步提高绩效需改进的重点领域。

3.3 农民用水户协会绩效评价指标体系的建立

3.3.1 评价指标体系建立的原则

评价指标体系的建立应该遵循相应的原则来对评价对象从其某一方面、多方面或者全方面的综合情况做出合理科学的优劣评定。

(1)系统性原则。系统性包括指标体系的完整性和结构层次性。一方面所选取的指标要从不同方面反映灌区农民用水户协会运行发展状况;另一方面又要求该指标体系能够构成一个目标明确、层次分明、相互有机衔接的统一整体。

(2)代表性原则。应选择具有较强代表性和典型性的评价指标,能够从有限的指标中反映农民用水户协会全方面综合情况,避免相近和重复指标,使评价指标体系简洁实用。

(3)实用性原则。农民用水户协会的绩效评价在于分析现状,认清运行和发展中存在的问题,更好的指导协会将来的发展方向,所以指标的选取尽量能够容易获得,能够直观、简便地说明问题。

(4)客观性原则。要保证评价指标体系的客观公正,保证数据来源的可靠性、准确性和评价方法的科学性。

(5)可行性原则。指标的选取要保证一定的可行性,包括在时间、空间上的可比性,在评价分析中的易量化性和指标数据获取的难易程度和可靠性。相对来讲,尽可能地选取综合性指标,以此来降低获取和处理数据的成本。

(6)科学性原则。指标的确定应该建立在充分认识、系统研究的科学基础上。评价指标名称应规范、含义明确,测量方法标准,统计计算方法要规范。

农民用水户协会绩效评价涉及的指标较多,精确的量化不等于准确的评价。所以,指标的选取应该尽量选取那些能够反映全面和主要信息的指标,同时各指标之间要有较高的独立性、量化性和通用性。

3.3.2 评价指标体系的确定

通过分析农民用水户协会在运行过程中的影响因素,从协会组织建设、工程状况及维护、灌溉用水管理和经济效益等4个方面共19个具体指标对农民用水户协会进行绩效评价(王建鹏等,2008)。具体见图3-1及表3-3。

协会组织建设方面:协会组建综合指标、协会职能综合指标、协会认知程度综合指标、农户参与协会程度综合指标、协会与外部组织关系综合指标。

工程状况及维护方面:工程维护综合指标、工程完好率指标、渠道水利用系数指标。

灌溉用水管理方面:灌溉水分配及影响综合指标、单位面积灌水量指标、水费收取率指标、用水矛盾程度综合指标、供水投劳变化程度综合指标、用水计量方式综合指标。

经济效益方面:协会收支比例指标、单位面积水稻产量指标、灌溉水分生产率指标、对相关单位影响综合指标、单位灌溉用水收益指标。

本评价指标体系中共用到19个指标,其中11个属于定性指标量化后的综合指标,8个属于定量指标。

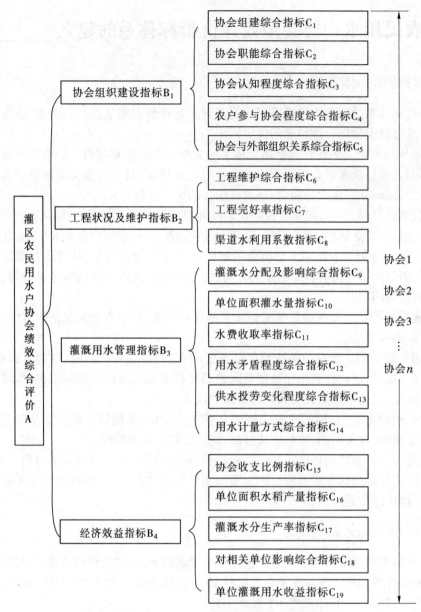

图 3-1 农民用水户协会绩效综合评价指标体系

表 3-3 农民用水户协会绩效综合评价指标体系及其特征

	综合评价指标及代码	指标类型	单位	越大越优/越小越优
协会组织 建设指标 B_1	协会组建综合指标 C_1	定性	—	越大越优
	协会职能综合指标 C_2	定性	—	越大越优
	协会认知程度综合指标 C_3	定性	—	越大越优
	农户参与协会程度综合指标 C_4	定性	—	越大越优
	协会与外部组织关系综合指标 C_5	定性	—	越大越优

综合评价指标及代码		指标类型	单位	越大越优/越小越优
工程状况及维护指标 B_2	工程维护综合指标 C_6	定性	—	越大越优
	工程完好率指标 C_7	定量	—	越大越优
	渠道水利用系数指标 C_8	定量	%	越大越优
灌溉用水管理指标 B_3	灌溉水分配及影响综合指标 C_9	定性	—	越大越优
	单位面积灌水量指标 C_{10}	定量	$m^3/亩$	越小越优
	水费收取率指标 C_{11}	定量	%	越大越优
	用水矛盾程度综合指标 C_{12}	定性	—	越大越优
	供水投劳变化程度综合指标 C_{13}	定性	—	越大越优
	用水计量方式综合指标 C_{14}	定性	—	越大越优
经济效益指标 B_4	协会收支比例指标 C_{15}	定量	%	越大越优
	单位面积水稻产量指标 C_{16}	定量	$kg/亩$	越大越优
	灌溉水分生产率指标 C_{17}	定量	kg/m^3	越大越优
	对相关单位影响综合指标 C_{18}	定性	—	越大越优
	单位灌溉用水收益指标 C_{19}	定量	$元/m^3$	越大越优

3.3.3 评价指标说明及其计算

在这套指标体系中,大部分都是定性指标,在评价过程中先要将获得的数据资料进行量化,然后根据调查项中的具体情况,将部分具体分项指标根据参与调查人员及其他专家的认识,分别给定权重进行综合,得到相应的综合指标。具体指标综合情况及其权重确定如下。

(1)协会组建综合指标:反映协会建立过程的各方面情况,如是否按照一定的规章制度与规范建立。包括协会注册登记情况、协会边界是否按水系划分、协会是否有固定的办公场所、协会是否有健全的规章制度、协会是否能够自主管理等。

首先,对综合指标中的各调查数据进行量化或转化,见表3-4。

表 3-4 协会组建综合指标各调查数据及其量化值

调查内容	注册登记情况		是否按水系划分		是否有固定的办公场所		是否有健全的规章制度		是否能够自主管理	
a_i	a_1		a_2		a_3		a_4		a_5	
调查数据	是	否	是	否	是	否	是	否	是	否
量化值	1	0	1	0	1	0	1	0	1	0

其次,通过调查人员和其他专家对于相关调查内容的认知,分别给定各相关分项指标调查数据的权重,取各专家打分的平均值为最后的权重值。表3-5为协会组建综合指标组成及其专家打分权重值。

表 3-5 协会组建综合指标组成及其专家打分权重值

协会组建 综合指标	注册 登记情况	是否 按水系划分	是否有固定的 办公场所	是否有健全 的规章制度	是否能够 自主管理	合计
专家 1	0.10	0.50	0.10	0.10	0.20	1
专家 2	0.20	0.15	0.15	0.20	0.30	1
专家 3	0.25	0.10	0.10	0.20	0.35	1
专家 4	0.20	0.10	0.15	0.25	0.30	1
专家 5	0.30	0.10	0.10	0.20	0.30	1
平均值	0.21	0.19	0.12	0.19	0.29	1

最后,通过权重综合得到协会组建综合指标,即协会组建综合指标值为

$$\sum u_i a_i = 0.21 \times a_1 + 0.19 \times a_2 + 0.12 \times a_3 + 0.19 \times a_4 + 0.29 \times a_5$$

其中,i 为综合指标中包含调查数据的个数,u_i 为第 i 个分项指标的权重值,a_i 为第 i 个分项指标的量化值。

(2)协会职能综合指标:反映协会建立后所担任的责任和工作情况。包括在管理范围内实施配水、维护渠道、修建水利设施、征收水费、征收其他费用、对农户提供相应的技术指导、为达到某些农艺目的组织农户合作、解决用水纠纷等。

首先,对综合指标中的各项调查数据进行量化或转化,见表 3-6。

表 3-6 协会职能综合指标各调查数据及其量化值

调查内容	管理范围 内实施 配水		维护渠道		修建水 利设施		征收水费		征收其 他费用		对农户提 供相应的 技术指导		为达到某些 农艺目的组 织农户合作		解决用 水纠纷	
a_i	a_1		a_2		a_3		a_4		a_5		a_6		a_7		a_8	
调查数据	有	无	有	无	有	无	有	无	有	无	有	无	有	无	有	无
量化值	1	0	1	0	1	0	1	0	1	0	1	0	1	0	1	0

其次,通过调查人员和其他专家对于相关调查内容的认知,分别给定各相关调查数据的权重,取其平均值为最后的权重值。表 3-7 为协会职能综合指标组成及其专家打分权重值。

表 3-7 协会职能综合指标组成及其专家打分权重值

协会职能 综合指标	管理范围 内实施 配水	维护 渠道	修建水 利设施	征收 水费	征收 其他费用	对农户提 供相应的 技术指导	为达到某些 农艺目的组 织农户合作	解决用 水纠纷	合计
专家 1	0.15	0.20	0.10	0.25	0.05	0.025	0.025	0.20	1
专家 2	0.15	0.15	0.10	0.15	0.10	0.10	0.10	0.15	1
专家 3	0.20	0.20	0.20	0.15	0.05	0.05	0.05	0.05	1
专家 4	0.25	0.20	0.15	0.20	0.05	0.05	0.05	0.05	1
专家 5	0.20	0.20	0.05	0.30	0.01	0.02	0.02	0.20	1
平均值	0.19	0.19	0.12	0.21	0.06	0.05	0.05	0.13	1

最后,通过权重综合得到协会职能综合指标,即协会职能综合指标值为

$$\sum u_i a_i = 0.19 \times a_1 + 0.19 \times a_2 + 0.12 \times a_3 + 0.21 \times a_4 +$$
$$0.06 \times a_5 + 0.05 \times a_6 + 0.05 \times a_7 + 0.13 \times a_8$$

式中符号意义同前。

(3)协会认知程度综合指标:反映协会领导人情况,如协会执委是否能够获得广大群众的认可,用水户能否积极响应协会相关活动。包括执委是否为协会的用水户、执委是否担任村干部、执委的文化程度、执委中女性比例、协会执委是否民主产生、参加选举的用水户比例等。

首先,对综合指标中的各项调查数据进行量化或转化,见表3-8。

表3-8　协会认知程度综合指标各调查数据及其量化值

调查内容	执委是否为协会的用水户		执委身份		执委的文化程度				女性比例	执委是否民主产生		参加选举的用水户比例
a_i	a_1		a_2		a_3				a_4	a_5		a_6
调查数据	是	否	村干部	群众	大专	高中	初中	小学	比值	是	否	比值
量化值	1	0	1	0	1	0.75	0.50	0.25	实际比值	1	0	实际比值

其次,通过调查人员和其他专家对于相关调查内容的认知,分别给定各相关调查数据的权重,取其平均值为最后的权重值。表3-9为协会认知程度综合指标组成及其专家打分权重值。

表3-9　协会认知程度综合指标组成及其专家打分权重值

协会认知程度综合指标	执委是否为协会的用水户	执委身份	执委的文化程度	女性比例	执委是否民主产生	参加选举的用水户比例	合计
专家1	0.05	0.15	0.20	0.05	0.30	0.25	1
专家2	0.10	0.05	0.25	0.05	0.30	0.25	1
专家3	0.10	0.10	0.05	0.20	0.30	0.25	1
专家4	0.10	0.10	0.05	0.15	0.30	0.30	1
专家5	0.20	0.10	0.05	0.15	0.30	0.20	1
平均值	0.11	0.10	0.12	0.12	0.30	0.25	1

最后,通过权重综合得到协会认知程度综合指标,即协会认知程度综合指标值为

$$\sum u_i a_i = 0.11 \times a_1 + 0.10 \times a_2 + 0.12 \times a_3 + 0.12 \times a_4 + 0.30 \times a_5 + 0.25 \times a_6$$

式中符号意义同前。

(4)农户参与协会程度综合指标:反映协会用水户参与协会工作的情况,是否能够体现协会为农户自己的协会。包括协会会员参加协会成立大会的比例、协会会员参加制定

规章制度的比例、协会会员参加水费征收标准制定大会的比例、协会会员对水费及水量分配的了解程度、协会会员是否有权查看协会的相关记录、协会对会员培训情况等。

首先,对综合指标中的各项调查数据进行量化或转化,见表3-10。

表3-10 农户参与协会程度综合指标各调查数据及其量化值

调查内容	会员参加协会成立大会的比例	会员参加制定规章制度的比例	会员参加水费征收标准制定大会的比例	会员对水费及水量分配的了解程度					会员是否有权查看协会的相关记录		协会对会员培训情况	
a_i	a_1	a_2	a_3	a_4					a_5		a_6	
调查数据	比值	比值	比值	很了解	较了解	一般	知道一点	不了解	有	无	≤1	>1
量化值	实际比例	实际比例	实际比例	1	0.75	0.50	0.25	0	1	0	0	1

其次,通过调查人员和其他专家对于相关调查内容的认知,分别给定各相关调查数据的权重,取其平均值为最后的权重值。表3-11为农户参与协会程度综合指标组成及其专家打分权重值。

表3-11 农户参与协会程度综合指标组成及其专家打分权重值

农户参与协会程度综合指标	会员参加协会成立大会的比例	会员参加制定规章制度的比例	会员参加水费征收标准制定大会的比例	会员对水费及水量分配的了解程度	会员是否有权查看协会的相关记录	协会对会员培训情况	合计
专家1	0.05	0.05	0.25	0.30	0.30	0.05	1
专家2	0.15	0.15	0.15	0.20	0.20	0.15	1
专家3	0.15	0.15	0.25	0.20	0.10	0.15	1
专家4	0.15	0.15	0.20	0.20	0.20	0.10	1
专家5	0.40	0.15	0.10	0.20	0.10	0.05	1
平均值	0.18	0.13	0.19	0.22	0.18	0.10	1

最后,通过权重综合得到协会农户参与协会程度综合指标,即农户参与协会程度综合指标值为

$$\sum u_i a_i = 0.18 \times a_1 + 0.13 \times a_2 + 0.19 \times a_3 + 0.22 \times a_4 + 0.18 \times a_5 + 0.10 \times a_6$$

式中符号意义同前。

（5）协会与外部组织关系综合指标:反映协会建立后协会与供水单位、村委会以及其他协会在管理权限、相关合作方面的情况。包括协会领导人参加供水单位会议的比例、协会参加灌区管理单位会议情况、协会在工程维护的选择与供水单位发生冲突的情况、协会领导人是否知道灌溉水在其他不同支渠上的分配、协会之间是否存在边界冲突、协会与供

水单位在权力划分上的冲突情况、协会与乡镇政府、村委会之间的冲突情况等。

首先,对综合指标中的各项调查数据进行量化或转化,见表3-12。

表3-12　协会与外部组织关系综合指标及其量化值

调查内容	协会领导人参加供水单位会议的比例	协会参加灌区管理单位会议情况（次/年）			协会在工程维护的选择与供水单位发生冲突的情况（次/年）		协会领导人是否知道灌溉水在其他不同支渠上的分配		协会之间是否存在边界冲突		协会与供水单位在权力划分上的冲突情况		协会与乡镇政府、村委会之间的冲突情况	
a_i	a_1	a_2			a_3		a_4		a_5		a_6		a_7	
调查数据	比例	≤1	1<a≤3	>3	0	≥1	是	否	是	否	有	无	有	无
量化值	实际比例	0	0.5	1	1	0	1	0	0	1	0	1	0	1

其次,通过调查人员和其他专家对于相关调查内容的认知,分别给定各相关调查数据的权重,取其平均值为最后的权重值。表3-13为协会与外部组织关系综合指标组成及其专家打分权重值。

表3-13　协会与外部组织关系综合指标组成及其专家打分权重值

协会与外部组织关系综合指标	协会领导人参加供水单位会议的比例	协会参加灌区管理单位会议情况（次/年）	协会在工程维护的选择与供水单位发生冲突的情况（次/年）	协会领导人是否知道灌溉水在其他不同支渠上的分配	协会之间是否存在边界冲突	协会与供水单位在权力划分上的冲突情况	协会与乡镇政府、村委会之间的冲突情况	合计
专家1	0.02	0.04	0.02	0.02	0.10	0.30	0.50	1
专家2	0.10	0.15	0.15	0.10	0.10	0.20	0.20	1
专家3	0.15	0.15	0.20	0.20	0.10	0.15	0.05	1
专家4	0.15	0.10	0.15	0.10	0.10	0.20	0.25	1
专家5	0.20	0.20	0.05	0.10	0.10	0.15	0.20	1
平均值	0.124	0.128	0.104	0.104	0.10	0.20	0.24	1

最后,通过权重综合得到协会与外部组织关系综合指标,则协会与外部组织关系综合指标值为

$$\sum u_i a_i = 0.124 \times a_1 + 0.128 \times a_2 + 0.104 \times a_3 + 0.104 \times a_4 +$$
$$0.10 \times a_5 + 0.20 \times a_6 + 0.24 \times a_7$$

式中符号意义同前。

(6)工程维护综合指标:反映协会在工程维护方面的工作。包括协会建立前后渠道及渠系建筑物工程配套率变化、量水设施工程配套率变化、量水设施数目的变化、渠道衬砌率变化、工程状况有无改善、工程维修的及时性等。

首先,对综合指标中的各项调查数据进行量化或转化,见表3-14。

表 3-14 协会工程维护综合指标及其量化值

调查内容	协会建立前后渠道工程配套率变化	协会建立前后渠系建筑物工程配套率变化	量水设施工程配套率变化	量水设施数目的变化		渠道衬砌率变化	工程状况有无改善		工程维修的及时性				
a_i	a_1	a_2	a_3	a_4		a_5	a_6		a_7				
调查数据	变化值（%）	变化值（%）	变化值（%）	增加	不变	变化值（%）	有	无	很及时	较及时	一般	不及时	很不及时
量化值	实际变化值(%)	实际变化值(%)	实际变化值(%)	1	0.5	实际变化值(%)	1	0	1	0.75	0.5	0.25	0

其次，通过调查人员和其他专家对于相关调查内容的认知，分别给定各相关调查数据的权重，取其平均值为最后的权重值。表 3-15 为协会工程维护综合指标组成及其专家打分权重值。

表 3-15 协会工程维护综合指标组成及其专家打分权重值

工程维护综合指标	协会建立前后渠道工程配套率变化	渠系建筑物工程配套率变化	量水设施工程配套率变化	量水设施数目的变化	渠道衬砌率变化	工程状况有无改善	工程维修的及时性	合计
专家1	0.05	0.05	0.05	0.15	0.50	0.15	0.05	1
专家2	0.15	0.15	0.15	0	0.20	0.20	0.15	1
专家3	0.10	0.10	0.10	0.15	0.20	0.25		1
专家4	0.10	0.10	0.10	0.3				1
专家5	0.15	0.15	0.10	0.10	0.10	0.15	0.25	1
平均值	0.11	0.11	0.10	0.09	0.25	0.18	0.16	1

最后，通过权重综合得到协会工程维护综合指标，即协会工程维护综合指标值为

$$\sum u_i a_i = 0.11 \times a_1 + 0.11 \times a_2 + 0.10 \times a_3 + 0.09 \times a_4 + $$
$$0.25 \times a_5 + 0.18 \times a_6 + 0.16 \times a_7$$

式中符号意义同前。

（7）工程完好率指标：指建筑物完好座数占总建筑物座数的比例。关于建筑物完好的界定，可以依据建筑物是否能够正常使用为标准。该值选用调查时得到的实际数据。

（8）渠道水利用系数指标：渠道水利用系数与土壤、渠道工程状况、灌溉放水强度、放水历时等因素有关，在一定程度上反映渠系工程状况及协会的用水管理水平。该值选用调查时得到的实际数据。

（9）灌溉水分配及影响综合指标：反映协会建立后对灌溉水分配上的改善情况以及所带来的影响。包括协会与供水单位对灌溉水的分配是否采用了新方法、会员对灌溉水供给可靠性与分配公平性的满意比例、会员认为灌溉水的分配发生改善的比例、灌溉水分配的均等性、灌溉水的保证率等。

首先,对综合指标中的各项调查数据进行量化或转化,见表3-16。

表 3-16　协会灌溉水分配及影响综合指标的量化值

调查内容	协会与供水单位对灌溉水的分配是否采用了新方法		会员对灌溉水供给可靠性与分配公平性的满意比例	会员认为灌溉水的分配发生改善的比例	灌溉水分配的均等性					灌溉水的保证率				
a_i	a_1		a_2	a_3	a_4					a_5				
调查数据	是	否	比值	比值	显著改善	有改善	一般	改善不大	没有改善	显著改善	有改善	一般	改善不大	没有改善
量化值	1	0	实际比值	实际比值	1	0.75	0.5	0.25	0	1	0.75	0.5	0.25	0

其次,通过调查人员和其他专家对于相关调查内容的认知,分别给定各相关调查数据的权重,取其平均值为最后的权重值。表3-17为协会灌溉水分配及影响综合指标组成的专家打分权重值。

表 3-17　协会灌溉水分配及影响综合指标组成的专家打分权重值

灌溉水分配及影响综合指标	协会与供水单位对灌溉水的分配是否采用了新方法	会员对灌溉水供给可靠性与分配公平性的满意比例	会员认为灌溉水的分配发生改善的比例	灌溉水分配的均等性	灌溉水的保证率	合计
专家1	0.15	0.15	0.20	0.20	0.30	1
专家2	0.10	0.25	0.25	0.20	0.20	1
专家3	0.10	0.25	0.20	0.15	0.30	1
专家4	0.15	0.20	0.20	0.20	0.25	1
专家5	0.15	0.20	0.15	0.30	0.20	1
平均值	0.13	0.21	0.20	0.21	0.25	1

最后,通过权重综合得到协会灌溉水分配及影响综合指标,即协会灌溉水分配及影响综合指标值为

$$\sum u_i a_i = 0.13 \times a_1 + 0.21 \times a_2 + 0.20 \times a_3 + 0.21 \times a_4 + 0.25 \times a_5$$

式中符号意义同前。

(10)单位面积灌水量指标:

$$单位面积灌水量 = \frac{年灌溉用水量}{年实际灌溉面积} \qquad (3-1)$$

单位面积灌水量等于年灌溉用水量除以年实际灌溉面积,此处年灌溉用水量以进入协会的斗口水量进行计算。如无特别说明,本书的灌溉水量均指进入协会的斗口计量水

量。该指标与灌区的降雨量、作物的种植模式、工程状况的差异有关,在一定程度上反映了协会的灌溉管理水平。该值由调查获得的年灌溉用水量和实际灌溉面积计算而得。

(11)水费收取率指标:

$$水费收取率 = \frac{年已征收灌溉水费}{年应征收灌溉水费}$$

(3-2)

水费收取率此处只针对灌溉水费而言,等于年已征收灌溉水费除以年应征收灌溉水费。该指标反映农民用水户协会灌溉水费收入状况,它在一定程度上将影响协会的效益和灌溉用水量的变化和收益。该指标选用实际调查的数据值。

(12)用水矛盾程度综合指标:反映协会建立前后在用水矛盾方面的问题。包括农民之间因为用水发生的冲突在建协会前后的变化情况、与用水相关的冲突在协会内得到解决的比例、协会与供水单位在灌溉水分配上发生冲突的频率情况等。

首先,对综合指标中的各项调查数据进行量化或转化,其中,为将该指标转化为统一的越大越优型,协会与供水单位在灌溉水分配上发生冲突的频率在量化时采用倒数值,见表3-18。

表3-18 协会用水矛盾综合指标调查数据及其量化值

调查内容	农民之间因为用水发生的冲突在建协会前后的变化情况			与用水相关的冲突在协会内得到解决的比例	协会与供水单位在灌溉水分配上发生冲突的频率情况
a_i	a_1			a_2	a_3
调查数据	减少	不变	增加	比值	比值
量化值	1	0.5	0	实际比例	实际比例的倒数

其次,通过调查人员和其他专家对于相关调查内容的认知,分别给定各相关调查数据的权重,取其平均值为最后的权重值。表3-19为协会用水矛盾程度综合指标组成及其专家打分权重值。

表3-19 协会用水矛盾程度综合指标组成及其专家打分权重值

用水矛盾程度综合指标	农民之间因为用水发生的冲突在建协会前后的变化情况	与用水相关的冲突在协会内得到解决的比例	协会与供水单位在灌溉水分配上发生冲突的频率情况	合计
专家1	0.35	0.25	0.40	1
专家2	0.35	0.35	0.30	1
专家3	0.50	0.20	0.30	1
专家4	0.40	0.30	0.30	1
专家5	0.30	0.60	0.10	1
平均值	0.38	0.34	0.28	1

最后,通过权重综合得到协会用水矛盾程度综合指标,即协会用水矛盾程度综合指标值为

$$\sum u_i a_i = 0.38 \times a_1 + 0.34 \times a_2 + 0.28 \times a_3$$

式中符号意义同前。

（13）供水投劳变化程度综合指标：反映建立协会以后在供水投劳方面发生的变化情况。包括协会年放水次数前后变化、需要水但得不到水的情况、看水所需工日前后变化、工程维护投劳工日前后变化、需要提前几日申请放水前后变化等。

首先，对综合指标中的各项调查数据进行量化或转化，见表3-20。

表3-20　协会供水投劳变化程度综合指标调查数据及其量化值

调查内容	协会年放水次数前后变化（次/年）			需要水但得不到水的情况（次/年）			看水所需工日前后变化（天/(户·工)）			工程维护投劳工日前后变化（天/(户·工)）			需要提前几日申请放水前后变化（天）		
a_i	a_1			a_2			a_3			a_4			a_5		
调查数据	减少	不变	增加	减少	不变	增加	减少	不变	增加	减少	不变	增加	减少	不变	增加
量化值	1	0.5	0	1	0.5	0	1	0.5	0	1	0.5	0	1	0.5	0

其次，通过调查人员和其他专家对于相关调查内容的认知，分别给定各相关调查数据的权重，取其平均值为最后的权重值。表3-21为协会供水投劳变化程度综合指标组成及其专家打分权重值。

表3-21　协会供水投劳变化程度综合指标组成及其专家打分权重值

供水投劳变化程度综合指标	协会年放水次数前后变化（次/年）	需要水但得不到水的情况（次/年）	看水所需工日前后变化（天/(户·工)）	工程维护投劳工日前后变化（天/(户·工)）	需提前几天申请放水前后变化（天）	合计
专家1	0.10	0.10	0.30	0.30	0.20	1
专家2	0.15	0.20	0.25	0.25	0.15	1
专家3	0.10	0.35	0.30	0.15	0.10	1
专家4	0.10	0.25	0.25	0.25	0.15	1
专家5	0.10	0.10	0.40	0.30	0.10	1
平均值	0.11	0.20	0.30	0.25	0.14	1

最后，通过权重综合得到协会供水投劳变化程度综合指标，即协会供水投劳变化程度综合指标值为

$$\sum u_i a_i = 0.11 \times a_1 + 0.20 \times a_2 + 0.30 \times a_3 + 0.25 \times a_4 + 0.14 \times a_5$$

式中符号意义同前。

（14）用水计量方式综合指标：反映协会建立以后在水量计量方面、节约用水、用水管理方面的情况。包括供水是否计量、计量模式、有无供水合同、有无供水计划、是否按计划供水、协会是否收水费、"水量、水价、水费"是否公开、使用私人塘堰是否专门征收水费、水费征收标准为多少等。

首先，对综合指标中的各项调查数据进行量化或转化，见表3-22。

表3-22 协会用水计量方式综合指标调查数据及其量化

调查内容	供水是否计量		计量模式		有无供水合同		有无供水计划		是否按计划供水		协会是否收水费		"水量、水价、水费"是否公开		使用私人塘堰是否专门征收水费	
a_i	a_1		a_2		a_3		a_4		a_5		a_6		a_7		a_8	
调查数据	是	否	每户按方计量	联户计量	有	无	有	无	是	否	是	否	是	否	是	否
量化值	1	0	1	0	1	0	1	0	1	0	1	0	1	0	1	0

注:计量模式是农户的水量都进行了量测还是若干农户按总水量计费,农户间按面积平均,以多少个农户为水费的计量单位。

其次,通过调查人员和其他专家对于相关调查内容的认知,分别给定各相关调查数据的权重,取其平均值为最后的权重值。表3-23为协会用水计量方式综合指标组成及其专家打分权重值。

表3-23 协会用水计量方式综合指标组成及其专家打分权重值

用水计量方式综合指标	供水是否计量	计量模式	有无供水合同	有无供水计划	是否按计划供水	协会是否收水费	"水量、水价、水费"是否公开	使用私人塘堰是否专门征收水费	合计
专家1	0.20	0.20	0.15	0.05	0.05	0.10	0.20	0.05	1
专家2	0.15	0.10	0.15	0.10	0.10	0.15	0.15	0.10	1
专家3	0.25	0.20	0.10	0.10	0.05	0.20	0.05	0.05	1
专家4	0.20	0.20	0.10	0.05	0.05	0.20	0.10	0.10	1
专家5	0.10	0.05	0.10	0.10	0.20	0.20	0.20	0.05	1
平均值	0.18	0.15	0.12	0.08	0.09	0.17	0.14	0.07	1

最后,由权重综合得到协会用水计量方式综合指标,即用水计量方式综合指标值为

$$\sum u_i a_i = 0.18 \times a_1 + 0.15 \times a_2 + 0.12 \times a_3 + 0.08 \times a_4 +$$
$$0.09 \times a_5 + 0.17 \times a_6 + 0.14 \times a_7 + 0.07 \times a_8$$

式中符号意义同前。

(15)协会收支比例指标:

$$收支比例 = \frac{年总收入}{年总支出} \tag{3-3}$$

收支比例等于年总收入除以年总支出,收入支出比反映了协会自负盈亏的能力。年总收入是指协会整个的收入,包括水费收入、政府支持、多种经营收入等,年总支出包括上交水费、协会运行费用、工程维修费用等。该指标值由调查所得的协会财务情况计算得出。

（16）单位面积水稻产量指标：

$$单位面积水稻产量 = \frac{年水稻总产量}{水稻实际种植面积} \tag{3-4}$$

该指标反映协会范围内的土地生产效率，与作物的种植模式、复种指数以及水量保证程度有着较大的关系。由于漳河灌区主要灌溉作物为水稻，其他旱作物基本不灌溉，因此只考虑水稻。该指标由调查得到的年水稻总产量和水稻实际种植面积计算而得，或直接选用调查所得的单位面积水稻产量值。

（17）灌溉水分生产率指标：

$$灌溉水分生产率 = \frac{年水稻总产量}{年灌溉用水量} = \frac{单位面积水稻产量}{单位面积灌溉用水量} \tag{3-5}$$

该指标反映单位灌溉水量所生产的作物产量（水稻），等于年水稻总产量除以年灌溉用水量，亦等于单位面积水稻产量除以单位面积灌溉用水量。该指标从一定的程度上反映了协会范围内的水分生产效率和用水管理水平。同样这里只考虑灌区主要灌溉作物水稻。该指标值由调查所得到的年水稻总产量和年灌溉用水量计算得出。

（18）对相关单位影响综合指标：反映建立协会以后，供水单位、村委会在水费收取上的便利性。包括供水单位工作人员协助收水费的比例、村委会与协会在收取水费方面的合作情况。

首先，对综合指标中的各项调查数据进行量化或转化，见表3-24。

表3-24　协会对相关单位影响综合指标及其量化值

调查内容	供水单位工作人员协助征收水费的比例	村委会与协会在收取水费方面的合作情况				
a_i	a_1	a_2				
调查数据	比值	好	较好	一般	较差	无
量化值	实际比例	1	0.75	0.50	0.25	0

其次，通过调查人员和其他专家对于相关调查内容的认知，分别给定各相关调查数据的权重，取其平均值为最后的权重值。表3-25为协会对相关单位影响综合指标组成及其专家打分权重值。

表3-25　协会对相关单位影响综合指标组成及其专家打分权重值

对相关单位影响综合指标	供水单位工作人员协助征收水费的比例	村委会与协会在收取水费方面的合作情况	合计
专家1	0.20	0.80	1
专家2	0.40	0.60	1
专家3	0.25	0.75	1
专家4	0.40	0.60	1
专家5	0.60	0.40	1
平均值	0.37	0.63	1

最后,通过权重综合得到协会对相关单位影响综合指标,即协会对相关单位影响综合指标值为

$$\sum u_i a_i = 0.37 \times a_1 + 0.63 \times a_2$$

式中符号意义同前。

(19)单位灌溉用水收益指标

$$单位灌溉用水收益 = \frac{年已征收灌溉水费}{年灌溉用水量} \qquad (3\text{-}6)$$

单位灌溉用水收益等于年已征收灌溉水费除以年灌溉用水量。该指标与当年执行水价及水费实收率有关。该指标值由调查获得的财务收支中灌溉水费收入和年灌溉水量计算得到。

3.4 本章小结

本章介绍了漳河灌区农民用水户协会的情况,详细地介绍了农民用水户协会绩效评价的过程与方法,其过程包括确定农民用水户协会绩效评价计划,调查收集农民用水户协会相关数据、评价指标分析计算,采用纵、横向直观对比法分析农民用水户协会绩效,建立综合评价模型进行农民用水户协会绩效综合评价,不同评价方法的综合对比分析。

在阐述评价指标选取的系统性、代表性、实用性、客观性、可行性、科学性等原则的基础上,充分考虑在建设及运行过程中影响农民用水户协会绩效的主要因素,并参考现有研究成果,从协会组织建设、工程状况及维护、用水管理和经济效益等四个方面建立了一套评价指标体系,并详细地说明了各评价指标的定义以及计算方法。

第4章 基于评价指标直观对比分析的漳河灌区农民用水户协会绩效评价

通过设计的七类调查表格开展数据调查,调查对象包括所有农民用水户协会、农民用水户协会范围内的典型村组、农民用水户协会范围内的典型用水户、非农民用水户协会范围内的典型村组、非农民用水户协会范围内的典型用水户、与农民用水户协会相关的典型单位、典型农民用水户协会多年跟踪调查。根据相关调查数据,计算19个指标值,采用指标直观对比的方法对农民用水户协会绩效进行多角度、多层次的分析评价。

4.1 数据调查及指标计算

调查表格主要分以下七类:

(1)针对农民用水户协会的调查。调查对象为协会的执委,目的是从协会管理人员角度调查分析协会的绩效。内容包括协会组建情况、协会执委会成员情况、协会召开会议情况、相关记录情况、用水户参加协会会议情况、用水户协会和供水单位的关系以及与外部组织的关系、协会成立前后供水投劳变化、协会水费及收取方面情况、协会工程维修情况、协会财务收支情况、用水户协会对于灌溉水分配的影响、协会对灌水及作物产量影响的调查、对于协会执委的典型调查。

(2)针对农民用水户协会范围内的典型村组的调查。调查对象为村民委员会书记或者主任。目的是从村组角度调查分析在建立协会前后村民委员会在灌溉管理方面职能的变化,以及建立协会以后对于村组灌溉管理、村组与协会的关系、村组在工程管理方面的情况、作物产量及灌溉水分配的影响。

(3)针对农民用水户协会范围内的典型用水户的调查。调查对象为参加农民用水户协会的普通用水户。目的是从协会用水户的角度调查分析农民用水户协会建立以后普通用水户对于协会的认识、意愿,以及切身感受到的灌溉水分配、工程维护方面的利弊,协会是否能够表达他们的意愿,用水户的收支状况。

(4)针对非农民用水户协会范围内的典型村组的调查。调查对象为非农民用水户协会范围内的村组书记或者主任。目的是从村组角度调查分析没有建立协会地区在传统村组灌溉管理条件下的灌溉水分配、工程管理、水费收取、与供水单位和外部组织的关系、作物产量、用水户的意愿表达、召开灌溉管理会议等情况。

(5)针对非农民用水户协会范围内的典型用水户的调查。调查对象为非协会地区的普通用水户。目的是从普通用水户角度调查分析在村组管理条件下的灌溉管理是否能够表达普通用水户的意愿、在村组管理下的灌溉水分配、工程维护、供水投劳、水费收取、作物产量等情况,以及用水户对于村组管理下的灌溉管理效果评价。

(6)针对与农民用水户协会相关的典型单位的调查。调查对象为民政部门、水利局、乡镇政府、干渠管理处及管理段等单位负责人。目的是从管理部门角度调查分析建立农民用水户协会前后相关典型单位人员变动、收入变化、工作量变化、用水矛盾变化等，同时了解他们对于农民用水户协会的总体评价，以及他们对于协会运行管理中出现的问题和对于协会持续发展的合理建议。

（7）针对典型农民用水户协会多年跟踪调查。调查对象为协会的执委，目的是从协会建立后有关运行管理指标的多年变化调查，分析协会绩效的动态变化及其与投入因子和管理因子的关系。

通过在漳河灌区的实地调查和走访，共获取漳河灌区 55 个农民用水户协会（其中一干渠 5 个，二干渠 13 个，三干渠 20 个，四干渠 12 个，总干渠 5 个）的相关资料，10 个农民用水户协会范围内的典型村组，201 户农民用水户协会范围内的用水户，19 个非农民用水户协会范围内的典型村组，47 户非农民用水户协会范围内的用水户，40 个相关典型单位（包括干渠管理处、水利局、水利服务中心、管理段、民政部门等）的相关调查资料。农民用水户协会、农民用水户协会村组、非农民用水户协会村组的具体情况见表 4-1、表 4-2、表 4-3。

根据漳河灌区的实际调查，漳河灌区农民用水户协会最多时发展到 77 个，由于有些协会在组织建设中存在这样那样的问题，实际上名存实亡，本次调查分析不包括不具备基本条件（基本的组织机构、办公地点、用水管理及水费征收工作）的 22 个协会，因此只针对 55 个具有基本工作条件的协会开展了实际调查分析。

4.2　基于协会的指标直观对比分析

根据调查数据，计算得出建立协会后 55 个农民用水户协会 19 个指标的具体值见表 4-4。其中各项数据都较全的协会只有 42 个，在后面各章采用综合评价模型进行评价时，针对 19 个指标均有的 42 个农民用水户协会进行。本节根据指标的代表性，从协会组织建设、工程状况及维护、用水管理和经济效益四个方面选取 10 个有代表性的评价指标，对灌区农民用水户协会在建立以来的绩效指标进行横向直观比较分析（王建鹏等，2008）。

4.2.1　协会组织建设指标

4.2.1.1　协会组建综合指标

协会组建综合指标反映了农民用水户协会建立时的基本情况。该综合指标越大，则说明协会的组建工作越规范合理，即该指标值越大越好，最大值为 1。协会组建综合指标见图 4-1。

在所调查的 55 个协会中，仓库协会、周坪协会、吕岗协会等 14 个协会的组建综合指标达到 1，而马山协会、官湾协会、伍桐协会和纪山协会的组建综合指标为 0，该指标平均值为 0.65。从图 4-1 中可以看出，农民用水户协会组建综合指标在灌区协会之间存在较大差异。究其原因，主要是协会在建立时，组织者和参与者对于协会建立的作用理解不一致，同时相应的政策指导与资金支持存在不同，从而导致较大的差异。一些协会建立时得到了相关部门的重点支持，特别是部分协会以相应的工程项目为依托，改善了末级渠系的工程状况，从而减轻了协会在工程投入方面的资金负担，同时为了规范管理，对协会制度建设和办公条件上都有一定投入，这类协会的组建综合指标较好。而有些地区为了能够获取项目支持盲目建立协会，对于协会建立的相关条件知之甚少，同时也不具备建立协会的基本条件，建立协会后又得不到相关的支持，因此基本状况较差，相应指标较低。

表 4-1　漳河区农民用水户协会基本情况

序号	协会名称	管理段	行政组（个）	范围总农户数（户）	参与农户数（户）	参与人数（人）	成立时间（年-月-日）	注册情况 是/否	注册情况 年-月-日	按水系还是按行政区	管理灌溉面积 总面积（亩）	管理灌溉面积 水稻面积（亩）	管理斗渠 数目（条）	管理斗渠 总长度（km）
1	总干渠一支渠协会	总干渠烟墩段	6	500	500	1 806	2003-04-01	是	2004-04-01	水系	6 000	—	3	18
2	总干渠二支渠协会	总干渠车桥段	5	1 250	600	2 450	2003-05-01	否		水系	4 500	4 500	3	15
3	总干渠一分渠协会	总干渠车桥段	2	650	650	2 450	2003	否		行政区	3 000	3 000	5	5
4	总干渠二分渠协会	总干渠掇刀段	1	424	424	1 620	2007	是	2006-11-01	行政区	3 800	3 800	8	20
5	凤凰协会	总干渠掇刀段	1	200	200	800	2007-04-01	否		行政区	800	800	5	1.5
6	脚东协会	一干渠脚东站	1	930	930	1 650	2005-10-01	否		水系	7 500	6 000	6	10
7	绿林山协会	一干渠脚东站	1	600	600	2 050	2005-03-01	否		行政区	6 000	5 000	4	10
8	丁场协会	一干渠官垱站	1	420	380	2 500	2006-04-01	是	2006-11-01	行政区	6 000	5 000	4	12
9	曹岗协会	一干渠白庙站	1	510	510	1 400	2004-12-01	否		行政区	4 700	4 700	4	12
10	胜利协会	一干渠白庙站	1	685	622	—	2004-04-01	否		水系	4 679	3 700	21	15.5
11	许岗协会	二干渠张场段	3	900	400	2 400	1997	否		水系	6 500	6 000	11	80
12	大房湾协会	二干渠张场段	3	200	200	750	2006-04-01	否		行政区	8 000	8 000	1	12
13	董岗协会	二干渠张场段	3	1 200	1 050	3 500	2005-10-01	是	2005-10-01	水系	11 000	11 000	3	13
14	川店镇协会	二干渠三界段	22	11 600	11 600	35 000	2006-07-01	是	2006-07-01	行政区	65 000	65 000	3	15
15	二干渠二支渠协会	二干渠三界段	7	580	580	—	2001-03-01	是	2001-03-01	水系	10 000	6 500	91	
16	三支渠协会	二干渠三界段	2	600	600	2 000	2006-05-01	否		水系	3 900	3 600	3	20
17	六支渠协会	二干渠三界段	2	1 320	1 320	4 113	1997-06-28	是	1997-06-28	行政区	4 500	4 500		
18	二干渠一分干协会	二干渠三界段	9	2 250	2 250	9 000	2002-04-01	是	2006-04-01	水系	27 000	27 000	1	5

续表 4-1

序号	协会名称	管理段	行政组（个）	范围总农户数（户）	参与农户数（户）	参与人数（人）	成立时间	注册情况是/否	注册情况（年-月-日）	按水系还是按行政区	管理灌溉面积总面积（亩）	管理灌溉面积水稻面积（亩）	管理斗渠数目（条）	管理斗渠总长度（km）
19	四支渠协会	二干渠三界段	4	846	846	2 538	1997	是	1997	水系	12 000	12 000	4	10.6
20	五分支协会	二干渠四方段	13	4 700	4 700	23 760	2006-09-01	是	2006-09-01	水系	39 800	22 000	46	24.7
21	纪山协会	二干渠四方段	1	335	335	1 353	2006-03-01	否		行政区	2 188	1 750	4	10
22	马山协会	二干渠四方段	9	320	320	1 326	2004	否		行政区	3 000	3 000	5	11
23	老二干协会	二干渠藤店段	3	750	750	—	2006-05-01	否		水系	6 481	5 981	3	25
24	兴隆协会	三干渠九家湾段	1	341	341	1 379	2002-04-01	否		行政区	2 800	2 800	6	10
25	陈集协会	三干渠九家湾段	3	430	430	—	1997-03-01	否		水系	5 000	5 000	7	10
26	鸦铺协会	三干渠杨集段	5	2 000	2 000	7 000	1996-07-16	是	1996-07-16	行政区	10 000	10 000	35	70
27	双岭协会	三干渠杨集段	4	350	350	700	2002-06-01	是	2002-06-11	水系	650	550	1	8.33
28	靳巷协会	三干渠杨集段	5	800	—	—	2002-06-01	是	2002-06-11	水系	8 000	6 000	3	14
29	许山协会	三干渠杨集段	3	310	310	2 000	2004-06-01	是	2004-06-01	水系	4 000	4 000	12	10
30	斗笠协会	三干渠斗笠段	4	325	325	1 200	2002-06-01	是	2002-06-01	水系	34 000	—	2	10
31	官湾协会	三干渠雷集段	1	238	238	914	2006-09-01	否		行政区	2 867	2 867	7	15
32	五岭协会	三干渠雷集段	8	206	144	500	2003	否		行政区	2 760	2 760	7	5
33	邓冲协会	三干渠雷集段	3	480	89	1 360	1997	否		行政区	1 000	850	2	7.5
34	楝树协会	三干渠柴集段	1	600	600	2 105	1997	否		水系	6 100	6 100	2	3.5
35	仓库协会	三干渠柴集段	6	655	655	3 800	1995	是	2002-05-01	水系	13 200	10 500	6	15
36	吕岗协会	三干渠帅店段	9	2 100	2 100	8 000	1997-04-20	是	2002-06-02	水系	15 000	15 000	55	10

续表 4-1

序号	协会名称	管理段	行政组(个)	范围总农户数(户)	参与农户户数(户)	参与人数(人)	成立时间	注册情况 是/否	注册情况 (年-月-日)	按水系还是按行政区	管理灌溉面积 总面积(亩)	管理灌溉面积 水稻面积(亩)	管理斗渠 数目(条)	管理斗渠 总长度(km)
37	周湾协会	三干渠帅店段	2	370	180	600	2005-03-01	否		水系	1 550	1 450	1	11
38	九龙协会	三干渠刘集段	1	400	400	—	1998	否		水系	4 060	4 060	6	8
39	洪庙协会	三干渠刘集段	1	500	500	—	1995-06-01	是	2002-06-01	水系	4 300	4 300	3	4
40	陈池协会	三干渠刘集段	1	490	490	—	2005-03-01	否		水系	4 100	4 100	3	11
41	三分干协会	三干渠刘集段	3	1 200	1 200	5 600	1997	是	2002	水系	18 000	13 000	30	20
42	周坪协会	三干渠雷巷段	3	5 000	2 000	6 000	2002-05-01	是	2002-06-01	水系	5 000	5 000	45	—
43	勤俭协会	三干渠雷巷段	3	1 000	670	1 980	2002-05-01	是	2002-06-01	行政区	20 600	20 600	2	6.2
44	贺集协会	四干渠温家巷段	1	305	305	1 111	2002-04-01	否		行政区	2 250.2	2 250.2	3	16
45	田湾协会	四干渠温家巷段	2	465	360	—	2001	否		水系	2 300	2 300	0	0
46	五一协会	四干渠温家巷段	10	3 000	1 905	7 650	2001	是	2005	水系	30 000	11 000	4	5
47	邓庙协会	四干渠温家巷段	1	277	277	800	2000	否		行政区	2 470	2 470	6	18
48	长兴协会	四干渠安栈口段	7	235	235	878	2005-06-01	否		水系	2 172	2 172	3	10
49	子陵协会	四干渠安栈口段	1	825	825	2 785	2005	否		水系	4 180	3 180	8	11
50	伍桐协会	四干渠盐池段	1	170	120	450	2003	否		行政区	1 120	970	5	1.2
51	雷坪协会	四干渠盐池段	1	395	55	170	2001	否		行政区	690	690	4	1.6
52	英岩协会	四干渠盐池段	3	900	424	1 800	2002-03-01	是	2003-03-01	水系			3	10.5
53	伍渠协会	四干渠盐池段	1	228	180	600	2004	否		行政区	700	700	1	8
54	陶何协会	四干渠盐池段	1	290	45	150	2003-04-01	否		行政区	250	150	3	1
55	永圣协会	四干渠盐池段	1	430	180	650	2002-06-01	是	2002	行政区	600	600	3	2.1

注:"—"表示没有调查到相关数据,下同。

表 4-2 农民用水户协会范围内典型村组基本情况

序号	村组名称	所在协会	所在县、乡	管理段	覆盖行政组（个）	范围总农户数（户）	参与人数（人）	管理灌溉面积		实际灌溉面积		管理斗渠	
								总面积（亩）	水稻面积（亩）	总面积（亩）	水稻面积（亩）	条数（条）	总长度（km）
1	却集村	总干渠一支渠协会	东宝区漳河镇	总干渠烟墩段	6	238	1 040	—	—	—	1 100	3	6
2	胜利村	一干渠胜利协会	当阳市育溪镇	一干渠白庙站	6	628	2 239	4 643	2 600	2 860	2 600	1	3.5
3	石牛村	二干渠二支渠协会	沙洋县十里铺镇	二干渠三界段	10	346	1 560	5 000	4 000	4 000	4 000	5	9
4	金牛村	二干渠五分支协会	沙洋县纪山镇	二干渠四方段	9	467	2 250	3 327	2 927	3 327	2 927	5	13～14
5	蒋集村	三干渠鸦铺协会	掇刀区团林镇	三干渠杨集段	13	306	1 287	1 900	1 800	1 800	1 800	2	7
6	白岭村	三干渠双岭协会	沙洋县五里铺镇	三干渠杨集段	14	420	1 530	3 880	1 560	1 560	1 560	2	14
7	雷集村	三干渠官湾协会	掇刀区麻城镇	三干渠雷集段	10	335	1 453	2 981	2 981	2 981	2 981	2	5.8
8	柴集村	三干渠仓库协会	沙洋县曾集镇	三干渠柴集段	14	620	3 700	—	—	6 000	6 000	10	10
9	青桥村	三干渠周呼协会	沙洋县曾集镇	三干渠雷巷段	18	410	1 700	2 000	2 000	2 000	2 000	2	4.5
10	英岩村	四干渠英岩协会	东宝区石桥驿镇	四干渠盐池段	3	105	445	723	633	633	633	3	3

表 4-3 非农民用水户协会典型村组基本情况

序号	村名称	村所在县、乡	管理段	覆盖行政组（个）	范围总农户数（户）	参与人数（人）	管理灌溉面积		实际灌溉面积		管理斗渠	
							总面积（亩）	水稻面积（亩）	总面积（亩）	水稻面积（亩）	条数（条）	总长度（km）
1	车桥村	掇刀区掇刀街办	总干渠车桥段	5	212	754	962.12	885.12	915	885	3	3.5
2	和平村	东宝区漳河镇	总干渠车桥段	5	200	860	1 488	1 188	1 188	1 188	5	8
3	洪桥铺村	当阳市清溪镇	一干渠朱冲站	4	486	1 680	3 200	1 700	1 700	1 700	2	8

续表4-3

序号	村名称	村所在县、乡	管理段	覆盖行政组（个）	范围总农户数（户）	参与人数（人）	管理灌溉面积		实际灌溉面积		管理斗渠	
							总面积（亩）	水稻面积（亩）	总面积（亩）	水稻面积（亩）	条数（条）	总长度（km）
4	联合村	当阳市清溪镇	一干渠白庙站	4	733	2 600	3 636	2 100	2 100	2 100	3	3.8
5	高庙村	掇刀区团林镇	二干渠张场段	4	183	777	1 380	1 380	1 100	1 100	—	—
6	前程村	当阳市河溶镇	二干渠三界段	7	802	3 025	8 200	1 200	8 200	1 200	1	8
7	郭场村	当阳市河溶镇	二干渠三界段	6	526	2 100	1 000	200	200	200	1	2
8	黎明村	沙洋县十里铺镇	二干渠藤店段	1	482	1 980	8 000	5200	2 800	2 800	6	12
9	双碑村	掇刀区团林镇	三干渠九家湾段	12	473	1 816	3 673.6	3 673.6	3 673.6	3 673.6	1	4
10	龙王村	掇刀区团林镇	三干渠九家湾段	8	300	1 500	2 300	2 300	2 300	2 300	4	5
11	白鹤村	掇刀区团林镇	三干渠九家湾段	10	324	1 600	3 500	2 800	2 000	2 000	7	14
12	显灵村	沙洋县五里铺镇	三干渠刘集段	15	424	2 312	3 800	3 600	3 600	3 600	5	4.5
13	蔡庙村	沙洋县曾集镇	三干渠雷巷段	14	399	2 070	4 100	3 900	3 200	3 200	8	9.5
14	陈闸村	沙洋县曾集镇	三干渠雷巷段	12	400	1 600	3 000	3 000	2 550	2 550	1	3
15	张岗村	沙洋县曾集镇	三干渠八吨桥段	15	430	2 000	—	—	4 800	4 800	20	25
16	许岗村	沙洋县曾集镇	三干渠八吨桥段	9	350	2 300	—	—	3 000	3 000	10	10
17	长岗村	东宝区牌楼镇	四干渠安栈口段	7	332	1 350	—	—	1 500	1 500	3	6.5
18	双冲村	钟祥市双河镇	四干渠响水洞段	5	210	900	2 300	1 300	1 300	1 300	2	1
19	斑竹村	钟祥市双河镇	四干渠响水洞段	5	449	1 728	—	—	1 560	1 560	6	7

表 4-4　评价指标值

协会名称	协会组建综合指标 C_1	协会职能综合指标 C_2	协会认知程度综合指标 C_3	农户参与协会程度综合指标 C_4	协会与外部组织关系综合指标 C_5	工程维护综合指标 C_6	工程完好率综合指标 C_7 (%)	渠道利用系数指标 C_8	灌溉水分配水影响综合指标 C_9	单位面积灌水量指标 C_{10} (m³/亩)	水费收取率指标 C_{11} (%)	用水矛盾程度综合指标 C_{12}	供水投劳变化程度综合指标 C_{13}	用水计量方式综合指标 C_{14}	协会收支比指标 C_{15} (%)	单位面积水稻产量指标 C_{16} (kg/亩)	灌溉水分生产率指标 C_{17} (kg/m³)	对相关单位产生综合影响指标 C_{18}	单位灌溉用水收益指标 C_{19} (元/m³)
总干渠一支渠协会	1.00	0.79	0.64	0.92	0.35	0.56	85.0	0.70	1.00	450	85.0	0.80	0.61*	0.93	87.0	600	1.33	1.00	0.54
总干渠二支渠协会	0.82	0.85	0.60	0.56	0.20	0.50	15.0	0.75	0.70	370	85.0	1.00	0.72	0.76	100.0	548*	1.59#	1.00	0.00
总干渠二分渠协会	0.75	0.48	0.63	0.60	0.32	0.47	50.0	0.67	0.94	370	87.0	0.80	0.61	0.76	110.0	548*	1.59#	0.28	0.07*
脚东协会	0.82	0.79	0.61	0.50	0.41	0.25	35.0	0.672*	0.73	450	90.0	0.60	0.76	0.61	1 527.0	550	1.22	0.64	0.14
绿林山协会	0.29	0.72	0.73	0.55	0.46	0.65	75.0	0.65	0.61	311	85.0	1.00	0.39	0.76	98.0	548*	1.90#	1.00	0.05
丁场协会	0.75	0.79	0.58	0.84	0.38	0.64	100.0	0.80	1.00	330	70.0	0.73	0.93	0.76	130.0	525	1.59	0.14	0.09
曹岗协会	0.57	0.85	0.75	0.46	0.41	0.64	85.0	0.50	0.71	600	90.0	0.67	0.39	0.93	100.0	600	1.00	1.00	0.04
胜利协会	0.82	0.66	0.76	1.00	0.64	0.67	70.0	0.75	0.92	500	70.0	0.67	0.08	0.76	96.0	510	1.02	0.61	0.07*
二干渠二支渠协会	1.00	0.85	0.48	1.00	0.42	0.86	90.0	0.75	0.81	700	100.0	1.00	0.60	0.70	100.0*	600	0.86	0.68*	0.00
川店镇协会	0.75	0.66	0.35	0.45	0.41	0.47	63.7*	0.65	0.70	350	100.0	1.00	0.48	0.86	102.0	625	1.79	1.00	0.01
三支渠协会	0.82	0.85	0.79	0.45	0.66	0.42	60.0	0.70	0.73	750	100.0	1.00	0.36	0.93	100.0	725	0.97	0.28	0.02
五分支协会	1.00	0.85	0.61	0.71	0.19	0.50	63.7*	0.60	0.55	300	100.0	0.67	0.63	1.00	101.0*	548*	1.97#	0.68*	0.08

协会名称	协会组建综合指标 C_1	协会职能综合指标 C_2	协会认知程度综合指标 C_3	农户参与协会程度综合指标 C_4	协会与外部组织关系综合指标 C_5	工程维护综合指标 C_6	工程完好率指标 C_7 (%)	渠道水利用系数指标 C_8	灌溉水分配及影响综合指标 C_9	单位面积灌水量指标 C_{10} (m³/亩)	水费收取率指标 C_{11} (%)	用水矛盾程度综合指标 C_{12}	供水投劳变化程度综合指标 C_{13}	用水计量方式综合指标 C_{14}	协会收支比例指标 C_{15} (%)	单位面积水稻产量指标 C_{16} (kg/亩)	灌溉水分生产率指标 C_{17} (kg/m³)	对相关单位影响综合指标 C_{18}	单位灌溉用水收益指标 C_{19} (元/m³)
二干渠一分干协会	1.00	0.85	0.64	0.79	0.41	0.63	70.0	0.70	0.74	200	100.0	0.53	0.71	0.83	102.0	625	3.13	0.72	0.07*
许岗协会	0.70	0.79	0.60	1.00	0.34	0.60	80.0	0.55	0.73	370	100.0	0.97	0.70	0.93	100.0*	500	1.35	1.00	0.01
纪山协会	0.00	0.66	0.50	0.17	0.23	0.42	63.7*	0.90	0.38	325	80.0	0.80	0.42	0.80	100.0	650	2.00	1.00	0.07*
四支渠协会	1.00	0.79	0.47	0.74	0.23	0.32	50.0	0.45	0.51	300	100.0	0.73	0.39	0.93	100.0	750	2.50	0.64	0.07*
大房湾协会	0.57	0.79	0.80	1.00	0.76	0.70	85.0	0.75	0.72	450	100.0	1.00	0.65	0.83	100.0	500	1.11	0.64	0.07*
董岗协会	1.00	0.85	0.70	0.64	0.52	0.63	45.0	0.70	0.74	420	99.0	0.97	0.87	0.76	205.0	580	1.38	1.00	0.07*
六支渠协会	0.35	0.66	0.11	0.37	0.23	0.32	50.0	0.50	0.53	300	100.0	0.80	0.39	0.61	100.0	750	2.50	0.64	0.03
老二干协会	0.65	0.93	0.64	0.34	0.51	0.76	70.0	0.30	0.73	600	100.0	0.80	0.46	0.93	100.0*	800	1.67	0.72	0.00
马山协会	0.00	0.85	0.88	0.33	0.33	0.54	50.0	0.80	0.69	300	90.0	1.00	0.89	0.61	100.0	700	2.33	0.64	0.06
靳巷协会	0.88	0.79	0.64	0.56	0.41	0.50	60.0	0.70	0.73	500	100.0	0.60	0.40	0.69	103.0	725	1.45	0.28	0.05
仓库协会	1.00	0.79	0.55	0.58	0.32	1.00	80.0	0.90	0.69	400	100.0	1.00	0.93	0.93	100.0	500	1.25	1.00	0.07*
许山协会	0.88	0.85	0.53	0.78	0.41	0.29	60.0	0.40	0.73	400	98.0	0.67	0.50	0.76	100.0	500	1.25	1.00	0.05
周坪协会	1.00	0.66	0.65	0.43	0.21	0.42	40.0	0.50	0.69	200	100.0	0.80	0.76	0.86	293.0	500	2.50	0.64	0.04
勤俭协会	0.75	0.48	0.41	0.43	0.12	0.06	63.7*	0.20	0.22	600	100.0	1.00	0.48	0.93	100.0	550	0.92	0.64	0.06
官湾协会	0.00	0.79	0.45	0.45	0.21	0.29	75.0	0.80	0.18	400	100.0	0.80	0.50	0.65	100.0*	575	1.44	1.00	0.00

续表 4-4

协会名称	协会组建综合指标 C_1	协会职能综合指标 C_2	协会认知程度综合指标 C_3	农户参与协会程度综合指标 C_4	协会与外部组织关系综合指标 C_5	工程维护综合指标 C_6	工程完好率指标 C_7 (%)	渠道水利用系数指标 C_8	灌溉水分配及影响综合指标 C_9	单位面积灌水量指标 C_{10} (m³/亩)	水费收取率指标 C_{11} (%)	用水矛盾程度综合指标 C_{12}	供水投劳变化程度综合指标 C_{13}	用水计量方式综合指标 C_{14}	协会收支比例指标 C_{15} (%)	单位面积水稻产量指标 C_{16} (kg/亩)	灌溉水分生产率指标 C_{17} (kg/m³)	对相关单位影响综合指标 C_{18}	单位灌溉用水收益指标 C_{19} (元/m³)
鸦铺协会	0.75	0.48	0.45	0.48	0.21	0.40	63.7*	0.60	0.33	400	100.0	0.80*	0.62	0.65	126.0	500	1.25	0.64	0.06
吕岗协会	1.00	0.85	0.58	0.45	0.32	0.29	90.0	0.90	0.83	350	100.0	0.53	0.83	0.93	100.0*	500	1.43	1.00	0.00
周湾协会	0.70	0.79	0.79	0.79	0.19	0.37	63.7*	0.75	0.68	350	85.0	1.33	0.76	0.76	104.0	550	1.57	0.28	0.05
九龙协会	0.54	0.66	0.80	0.40	0.30	0.29	80.0*	0.672*	0.36	370	99.0	1.00	0.50	0.76	92.0	600	1.62	0.64	0.06
洪庙协会	1.00	0.85	0.47	0.45	0.25	0.88	70.0	0.90	0.76	520	100.0	1.00	0.68	0.76	100.0	548*	1.13#	0.28	0.05
三干渠三分干协会	1.00	0.79	0.55*	0.38	0.21	0.14	40.0	0.50	0.77	375	100.0	0.57	0.82	0.63	106.0	500	1.33	0.28	0.06
兴隆协会	0.57	0.48	0.77	0.54	0.78	0.50	50.0	0.50	0.68	450*	75.0	0.27	0.53	0.83	137.0	500	1.64#	0.64	0.05
贺集协会	0.29	0.48	0.80	0.87	0.51	0.19	20.0	0.75	0.47	600	70.0	0.73	0.56	0.56	97.0	670	1.12	0.00	0.07
五一协会	1.00	0.66	0.54	0.62	0.67	0.43	30.0	0.78	0.60	500	93.0	0.53	0.82	0.93	110.0	575	1.15	0.64	0.07*
雷坪协会	0.57	0.66	0.41	0.43	0.30	0.47	65.0	0.50	0.33	500	100.0	0.53	0.76	0.80	100.0	550	1.10	1.00	0.03
英岩协会	1.00	0.79	0.77	0.71	0.18	0.42	50.0	0.90	0.70	300	100.0	0.80	0.83	0.63	26.0*	600	2.00	1.00	0.05
伍架协会	0.57	0.85	0.74	0.97	0.32	0.50	85.0	0.55	0.70	350	100.0	0.53	0.50	0.93	100.0	600	1.71	1.00	0.07*
长兴协会	0.82	0.79	0.77	0.79	0.19	0.29	60.0	0.70	0.47	210	100.0	0.53	0.50	0.78	100.0	600	2.86	0.28	0.02
干陂协会	0.82	0.61	0.86	0.45	0.51	0.68	80.0	0.60	0.73	125	100.0	1.00	0.48	0.61	82.0	550	4.40	0.28	0.07*
永圣协会	0.75	0.66	0.81	0.88	0.32	0.32	60.0	0.75	0.71	300	100.0	0.80	0.63	0.93	100.0	625	2.08	1.00	0.40

续表 4-4

协会名称	协会组建综合指标 C_1	协会职能综合指标 C_2	协会认知程度综合指标 C_3	农户参与协会程度综合指标 C_4	协会与外部组织关系综合指标 C_5	工程维护综合指标 C_6	工程完好率指标 C_7 (%)	渠道利用系数指标 C_8	灌溉水分配及影响综合指标 C_9	单位面积灌水量指标 C_{10} (m³/亩)	水费收取率指标 C_{11} (%)	用水矛盾程度综合指标 C_{12}	供水投劳变化程度综合指标 C_{13}	用水计量方式综合指标 C_{14}	协会收支比例指标 C_{15} (%)	单位面积水稻产量指标 C_{16} (kg/亩)	单位灌溉水稻生产率指标 C_{17} (kg/m³)	对相关单位影响综合指标 C_{18}	单位灌溉用水收益指标 C_{19} (元/m³)
棟树协会	0.19	0.84	0.30	0.18	0.20	0.18	70.0	—	—	—	90.0	0.62	—	0.49	—	500	—	0.63	—
陈集协会	0.79	0.89	0.46	0.74	0.30	0.70	70.0	0.80	0.71	—	98.0	0.81	0.78	1.00	99.0	600	—	0.37	—
五岭协会	0.48	0.84	0.33	0.38	0.07	0.29	90.0	—	0.85	—	95.0	0.83	0.72	0.60	100.0	500	—	1.00	—
双岭协会	0.88	0.84	0.19	0.54	0.89	0.04	60.0	—	0.64	—	93.0	1.00	0.83	0.76	98.0	600	—	0.69	—
邓冲协会	0.67	0.32	0.18	0.18	0.33	0.17	80.0	—	0.65	—	95.0	1.00	0.93	0.18	100.0	550	—	—	0.09
陈池协会	0.31	0.89	0.18	0.48	0.39	0.47	90.0	0.80	0.68	—	98.0	1.00	0.68	0.85	100.0	—	—	1.00	—
田湾协会	0.38	0.38	0.25	0.40	0.10	0.13	—	0.90	—	—	—	0.62	0.49	0.00	—	—	—	0.00	0.00
邓庙协会	0.60	0.53	0.23	0.17	0.00	0.18	70.0	0.75	0.64	—	95.0	—	—	0.00	—	—	—	—	—
伍桐协会	0.00	0.72	0.34	0.00	0.00	0.17	50.0	—	—	—	—	—	—	0.37	114.0	—	—	—	—
陶何协会	0.48	0.53	0.63	0.54	0.18	0.07	40.0	—	—	—	100.0	0.47	0.65	0.74	100.0	700	—	1.00	—
凤凰协会	0.48	0.63	0.18	0.10	0.17	0.30	50.0	0.65	—	370	—	—	0.43	0.47	100.0	500	1.35	—	0.02
总干渠—分渠协会	0.19	0.53	0.33	0.00	0.20	0.21	—	0.65	—	600	70.0	1.00	0.48	0.85	101.0	500	0.83	—	—
斗笠协会	1.00	0.72	0.18	0.40	0.19	—	—	—	—	—	25.0	—	—	0.52	—	—	—	0.53	—

注：“—”表示没有调查到实际数据；“*”表示没有调查到实际数据，但为满足综合评价模型中 19 个指标都有的要求，用有数据协会的平均值代替（其中协会收支比例用100%代替）；“#”表示没有调查到计算该指标的部分数据，但为满足综合评价模型中 19 个指标都有的要求，缺失的数据用其他数据协会的平均值代替进该指标的计算。

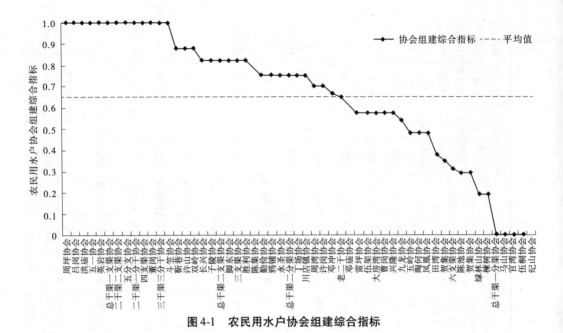

图 4-1　农民用水户协会组建综合指标

对该指标的分项数据分析表明,用水户协会中普遍存在注册登记难问题,调查的 55 个协会中有 31 个协会没有注册,所占比例为 56.4%。一方面,农民对民间团体组织——农民用水户协会的认识存在欠缺,他们对于民间组织的相应组织程序缺乏必要的了解和认识;另一方面,民政部门对于农民用水户协会这一新兴民间自发组织在管理力度及重视程度上不够,相对于其他民间团体组织来讲,管理和监督都比较宽松。另一个比较突出的问题是有不少协会是按行政区划边界组建的,而不是按水系边界划分组建的。55 个协会中有 22 个协会是按行政区划组建的,比例为 40%。由于按行政区划组建在实际操作中就有可能出现"一套班子,两块牌子",即协会中的执委会由村委会成员担任,这在一定程度上给农民用水户协会的实际运作带来了困难,某种程度上削弱了自主管理程度,在用水管理方面也带来了不便,同时增加了用水纠纷,不能体现民主管理。

4.2.1.2　协会职能综合指标

协会职能综合指标反映协会建立后所应当担任的责任和工作情况。该综合指标越大,则表明协会对于其自身职能认识较深,并且能付诸于实际工作中,即该指标值越大越好,最大值为 1。农民用水户协会职能综合指标见图 4-2。

在所调查的 55 个协会中,协会职能综合指标最低为邓冲协会,只有 0.32,最高为老二干协会的 0.93,指标平均值为 0.72。这说明很多协会没有完全发挥其应有职能。该指标分项数据分析表明,大多数协会仅发挥了灌溉水分配、解决用水纠纷和计收水费的职能,而在渠道维护和水利设施修建方面重视程度不够,有些甚至无力顾及。55 个协会中有 20 个协会没有维护和修建过水利设施,主要原因是资金不足。一是协会本身没有工程维护资金,二是基本得不到外界的资金支持,故协会没有能力承担水利设施的修建和维护任务,而主要是通过动员用水户投工投劳,对渠道进行清淤等。55 个协会中只有 8 个协会为用水户提供水利和农艺方面的技术指导。协会本身没有专业的水利和农艺技术指导

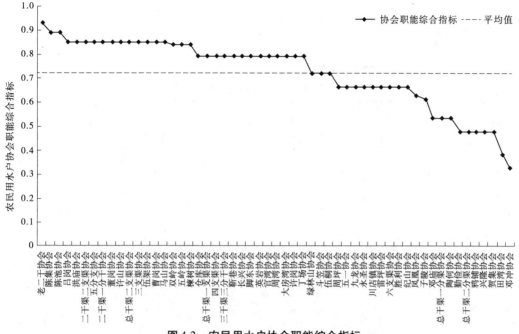

图 4-2 农民用水户协会职能综合指标

人员,虽然部分协会在此方面开展了工作,但技术指导比较落后,基本上没有什么作为。

根据调查分析,协会领导人及执委对协会的职能了解得不够全面彻底,简单地认为协会只负责灌溉期的灌溉水分配管理和水费收取;同时,大多数协会也缺少必要的资金和技术人员支持来完成工程维护和水利、农艺等技术指导。例如,田湾协会和邓冲协会甚至没有水费计收权,协会缺少必要的运转经费;除此之外,一些协会在运作过程中,工作不规范,工作人员素质不高。这些因素都限制了农民用水户协会各项职能的充分发挥,甚至阻碍了某些职能的开展,从而制约了农民用水户协会的不断进步和长足发展。

4.2.2 协会工程状况及维护指标

4.2.2.1 渠道水利用系数指标

渠道水利用系数指标反映了渠道的工程状况、灌区用水管理水平。协会组建前后渠道水利用系数指标见图 4-3。该指标越大,则渠道水利用系数越高,即该指标值越大越优。本次调查的为农民用水户协会管理范围内斗渠的渠道水利用系数。

目前大多数灌区渠道渗漏严重,再加上管理不善等原因,使得渠道水利用系数较低。农民用水户协会的建立,在一定程度上能够改善末级水利工程的状况,提高灌溉水利用系数,从而提高农业用水水分生产率。

在农民用水户协会建立后,46 个协会中(55 个中除去 9 个资料不全的协会)有 21 个协会管理范围内斗渠的渠道水利用系数有所提高,比例为 45.6%;17 个没有变化,比例为36.9%;同时有 8 个协会的渠道水利用系数反而降低了,比例为 17.4%。在建立协会以前,渠道水利用系数最低为栋树协会和老二干协会的 0.20,最高为田湾协会的 0.90,平均

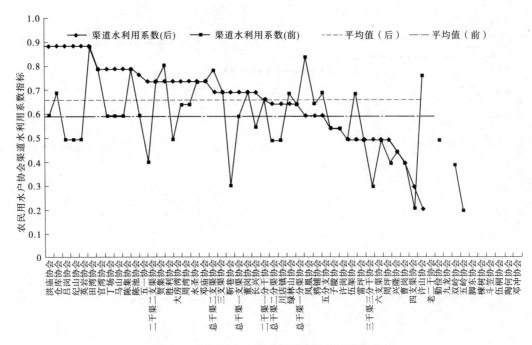

图4-3　农民用水户协会渠道水利用系数指标

值为0.60;建立协会以后,渠道水利用系数最低为勤俭协会的0.2,最高为洪庙协会等5个协会的0.90,平均值为0.67。可见在建立协会前后,渠道水利用系数整体上有所提高(提高了11.7%)。同时从图4-3中可以看出,协会建立前后渠道水利用系数在协会之间的差异是比较大的,主要原因是不同协会在工程完好率、渠道衬砌率和用水管理水平之间存在差异。有的协会通过项目支持或者政府资金支持,加强工程配套,渠道衬砌率提高,使得渠道水利用系数提高;另外,部分协会在渠道维护和修建水利设施方面工作较为突出,工程完好率较高,工程维护职能能够较好的发挥,同时加强用水管理,则渠道水利用系数也得以提高。

　　建立协会以后,渠道水利用系数在整体上是有所提高的,但也有少数协会是降低的。这主要是由于建立协会以后,村组不再组织工程维修等工作,而协会也没有开展工程维护工作,任由其老化损坏。例如,勤俭协会的渠道水利用系数在建协会前为0.87,建协会后降为0.2,调查表明,其主要原因是勤俭协会的渠系建筑物配套率从建协会前的80%降到建协会后的23%,配套建筑物破坏或者老化废弃比较严重,从而使得渠道水利用系数降低。此外,勤俭协会的职能综合指标值也比较低,只有0.375,从中可以看出,该协会的职能基本没有发挥,基本没有进行过渠道维护和工程设施建设。这也会进一步影响到协会的灌溉水分配和灌水保证度,实际调查资料也印证了这一点(该协会的灌溉水分配的均等性和灌水保证度都为0)。

4.2.2.2　工程完好率指标

　　工程完好率指标是指建筑物的完好座数占总建筑物座数的比例,反映了工程的现状。本次调查主要包括三个方面:渠道、渠系建筑物和量水设施。该指标越大,则说明农民用水户协会范围内的末级渠系及建筑物、量水设施现状工程条件越好，即该指标值越大越优。协会工程完好率指标见图4-4。

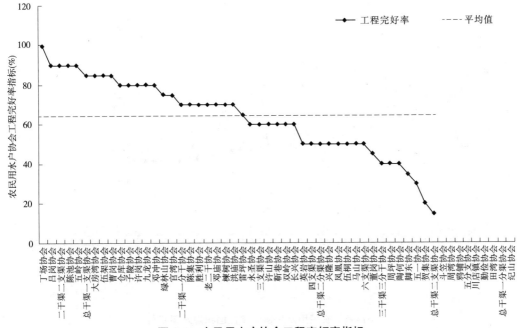

图 4-4 农民用水户协会工程完好率指标

所调查的55个协会中有9个协会没有获取到工程完好率资料。获得工程完好率资料的协会中，工程完好率最低为总干渠二支渠协会的15%，最高为丁场协会的100%，平均值为64%。可以看出，协会之间的工程完好率相差较大。造成这种现象既有先天原因也有后天因素。首先，在协会建立之时，工程完好率在不同的地区就存在差异，有的协会范围内工程条件好，工程完好率高，而有的协会范围内工程条件差，工程完好率低；其次，建立协会以后，协会之间在管理维护渠道和修建水利设施方面的职能发挥上存在差别。有的协会积极组织管辖范围内的用水户维护、修建水利设施，而有的协会基本不进行渠道等水利设施的日常维护，造成管辖范围内的工程设施无人管理或者老化废弃。例如，丁场协会管理范围内的工程完好率在建协会前就达到50%，且在建协会后，充分利用当地政府"以奖代补"政策对渠道进行衬砌和配套，使该协会的工程完好率进一步提高，达到100%。

为了提高协会范围内的工程完好率，协会要积极主动地发挥各方面职能，尤其是要加强对协会范围内灌溉工程的管理并及时对灌溉工程进行维护，改善老化失修的现状；同时也要千方百计筹措资金，改造或者重修损坏了的渠系工程。

4.2.3 协会灌溉用水管理指标

4.2.3.1 单位面积灌水量指标

协会单位面积灌溉用水量见图4-5（本书水量均指从斗口计算）。在不影响作物产量的前提下，该指标越小越优。

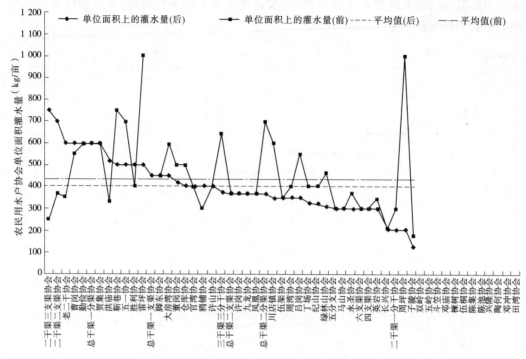

图 4-5　农民用水户协会单位面积灌水量指标

在所调查的 55 个用水户协会中,有 14 个缺少相关的资料(其中有 2 个协会缺少建立协会之前的数据)。建立协会前,单位面积灌水量最低的为子陵协会的 175 m³/亩,最高的为雷坪协会和周坪协会的 1 000 m³/亩,平均值为 433.88 m³/亩;建立用水户协会之后,单位面积灌水量最低的仍为子陵协会的 125 m³/亩,最高的为二干渠三支渠协会的 750 m³/亩,平均值为 406.19 m³/亩。整体水平上,建立用水户协会后,单位面积灌水量降低了 6.4%。但是单位面积灌水量在用水户协会之间还是存在较大差异。一方面用水户协会范围内的工程状况存在差异,另一方面各个用水户协会之间的管理水平也存在差异,这就使得灌溉水的利用效率不同。

建立协会前后资料完整的 41 个用水户协会中,有 7 个用水户协会的单位面积灌水量增大了,比例为 17.1%;15 个保持不变,比例为 36.6%;19 个是减少的,比例为 46.3%;2 个协会因未获得建立协会前的数据而无法比较。其中二干渠三支渠协会的增幅最大,在建协会后单位面积灌水量增加了 500 m³/亩;周坪协会的减幅最大,减少了 800 m³/亩。由于有些用水户协会的数据保存不完整,灌水量个别变异较大的数据可能存在误差,但调查数据总体上反映出建立农民用水户协会后单位面积灌水量减少的趋势。

4.2.3.2　水费收取率指标

水费收取率是指实际计收水费占应计收水费的比例,它是关系到用水户协会生存发展的根本,该指标越大越优。协会水费收取率指标见图 4-6。

在所调查的 55 个用水户协会中,分别有 29 个和 3 个没有获得建立协会前和建立协会后的水费收取相关资料。通过调查资料显示,建立用水户协会前,水费收取率最低的为

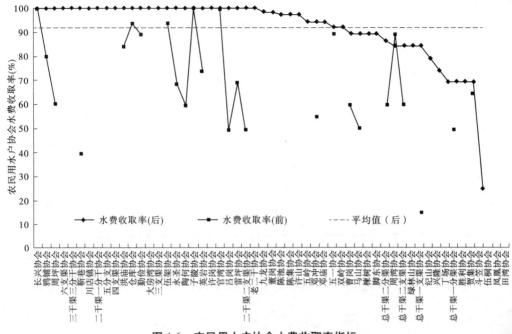

图 4-6　农民用水户协会水费收取率指标

总干渠一支渠协会的 15%，最高的为子陵等协会的 100%，平均值为 69.8%；建立用水户协会后，水费收取率最低的为斗笠协会的 25%，最高的为洪庙等协会的 100%，平均值为 92.5%。由此可见，建立协会以后，水费收取率整体水平上有很大提高（提高了 32.5%），水费收取基本上能够全部到位。在建立用水户协会以后，有 26 个用水户协会的水费收取率达到了 100%，并且除斗笠协会的为 25% 以及 3 个没有资料的用水户协会以外，其余的用水户协会水费收取率都在 70% 以上。在漳河灌区，建立用水户协会之前水费的收取要通过村、镇等部门，层层关卡，存在搭车收费和乱收费等现象，并且申请要水效率低，致使农民交水费的积极性不高；现在，建立用水户协会以后，交费环节减少，农民直接交钱到用水户协会，再由用水户协会直接上交到供水单位，这样就杜绝了以前存在暗箱操作的环节，同时用水户通过用水户协会直接向供水单位申请用水，在很大程度上提高了申请用水的效率，灌水更及时。农民由于得到了实惠，上交水费的积极性也提高了。另外，建立协会后量水设施得到改善，也为计量收费和"明白收费"创造了条件。

4.2.4　协会经济效益指标

4.2.4.1　协会收支比例指标

用收入支出比来比较各协会之间的收入支出情况。收入支出比是指协会的总收入除以总支出。该指标越大越优。协会收支比例指标见图 4-7。

在 55 个协会中除去 9 个没有资料的，其余 46 个协会中，收入支出比最低的英岩协会为 26%，最高的脚东协会为 1 527%，平均值为 138%。但收入支出比例大于等于 100% 的协会只有 36 个，占所调查的 46 个协会的 78.3%，即能够自负盈亏的协会占总协会的比

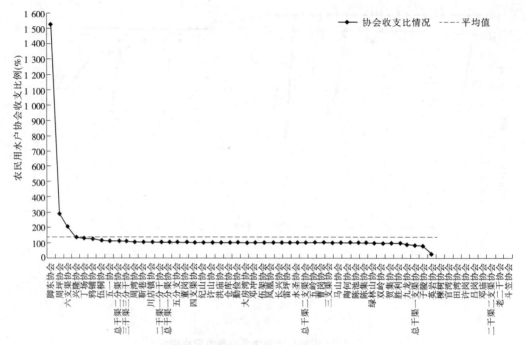

图 4-7　农民用水户协会收支比例指标

例为 78.3%，总体情况良好。但实际分析表明，大部分的农民用水户协会没有开展多种经营进行创收，收入只是灌溉季节的水费。有相当一部分协会因为没有足够的收入，因此减少了工程维护及建设这种必须的支出，也即此时的收入支出比例达到 100% 并不能表明协会运行良好。

收入支出比的差异在一定程度上取决于协会的运作方式。以脚东协会为例，该协会以承包形式运作，承包人每年固定上交承包费用 4 万元，作为上交供水单位的水费，同时承包人又向用水户以 35 元/亩收取水费，除上交 4 万元承包费外，剩余的归承包人个人所有，所以灌溉季节放水次数多时，协会的水费收入将远远大于承包费用，尤其是枯水年份承包人收入丰厚。而大部分用水户协会还是按照普通形式运作，主要的收入就是灌溉水费。在水费的计收中，按单方水价增加 0.002~0.005 元，作为满足协会的运行费用和工程维护费用，而其中也有一部分协会并没有收取终端水价，这样收取的水费就如数上交到上级供水单位。有少部分协会通过村里的村办企业支持获得资金，但是大部分协会并没有额外的资金收入或者资助，而同时又要负担协会执委的补贴，所以用水户协会感觉在运行过程中困难比较大，赢少亏多。

必须制定和完善有关农民用水户协会的配套政策。农民用水户协会虽是当地民政部门注册登记的合法社团组织，但在目前的管理体制下，没有相关配套政策法规的支持，协会很难规范运作，很多职能不能充分发挥，协会就是简单的进行水费收取。从调查结果看，除"末级水价"试点协会外，很多协会是向用水户收多少水费就向供水单位交多少钱，用水户协会执委及代表根本无补贴来源。在服务"三农"、减轻农民负担、增加农民收入的政策下，用水户协会只能按当前水价政策向农民收取水费，而不能通过提高水价来获取协会执委和代表的补贴。即使是"末级水价"的试点协会，由于工程状况差，跑、漏水严重，渠道水利用系数低，用水户协会执委和代表的补贴也难以到位。因此，建议尽快出台符合当地实际的农民用水户协会管理办法、水费使用和管理办法等配套政策。

4.2.4.2 单位面积水稻产量指标

单位面积水稻产量指标可以从一定程度上反映用水户协会的灌溉水管理优劣。该指标越大越优。水稻单位面积产量指标见图4-8。

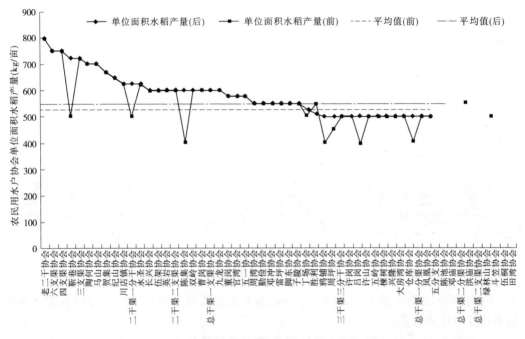

图4-8 农民用水户协会单位面积水稻产量

在所调查的55个协会中有10个协会没有获得相关水稻产量资料。建立协会以前，单位面积水稻产量最低的为陈集等协会的400 kg/亩，最高的为老二干协会的800 kg/亩，平均值为528.13 kg/亩；建立协会以后，单位面积水稻产量最低的为周坪协会的500 kg/亩，最高的为老二干协会的800 kg/亩，平均值为548.13 kg/亩。整体水平上，建协会后单位面积水稻产量增加3.9%。在有资料的45个协会中，有34个协会管理范围内的单位面积水稻产量没有发生变化，比例为75.5%；有8个协会的单位面积水稻产量是增加的，比例为17.8%；另有3个协会的是减少的，比例为6.7%。

部分用水户协会单位面积水稻产量提高，主要是建立用水户协会以后，通过用水户协会的有效管理加强了对灌溉水的管理，提高了灌溉水的利用效率，灌溉用水保证率得到提高，为丰产提供了基本保障。

大多数用水户协会的单位面积水稻产量在建立用水户协会前后不变，其主要原因是建立用水户协会以后，对于田间灌溉水的管理和以前相比没有发生变化，而且只有少数用水户协会对农户提供灌溉及农艺技术指导。大部分用水户协会在建立前后其主要水稻品种、复种指数、灌溉技术等都没有发生变化。

4.2.4.3　单位灌溉用水收益

单位灌溉用水收益是指灌溉水费收入和用水户协会年灌溉用水量之比。该指标越大越优。单位灌溉用水收益见图4-9。

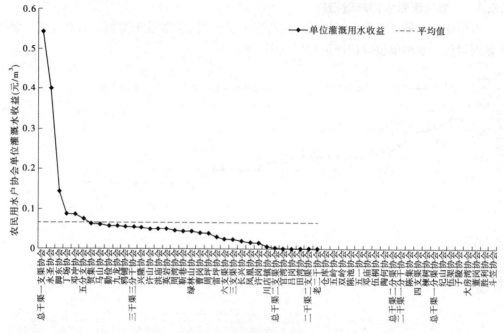

图4-9　农民用水户协会单位灌溉用水量收益 （单位：元/m³）

在所调查的55个协会中，有21个协会因为无法获取总灌水量或水费而不能计算得到单位灌溉用水收益。

有资料的34个协会中，单位灌溉用水量收益最低的为总干渠二支渠协会的0.004元/m³，最高的为总干渠一支渠协会的0.545元/m³，平均值为0.067元/m³。影响单位灌溉用水量收益的主要是水费收取情况，一般水费收取率越高，单位灌溉用水量收益越高。

目前漳河灌区推行的是两部制水价，即基本水价加方量水价。湖北省物价局、水利厅《关于漳河水库灌区农业供水价格的通知》（鄂价能交〔2004〕100号）专门批复了漳河灌区农业供水两部制水价标准：基本水价5元/亩，计量水价0.033元/m³，并明确基本水价按受益区内的有效灌溉面积计收，计量水量按支渠进水口的实际供水量计收。荆门市鉴于批复的水价标准缺少支渠口以下供水环节列入水价成本核算和批复的实际情况，市物价局、水利局印发的《关于农业供水实行两部制水价的通知》（荆价发〔2004〕20号）明确了支渠进水口以下末级水价为0.02元/m³，并明确末级水费主要用于斗口计量设施安装、支分渠维修以及水损、群管费开支等。

4.2.4.4　灌溉水分生产率指标

灌溉水分生产率是指在一定的作物品种和耕作栽培条件下单位灌溉水量所获得的产量（水量从斗口计算）。该指标越大越优。灌溉水分生产率指标见图4-10。

在所调查的55个用水户协会中，38个可以获得资料进行该指标的分析计算，得到建立协会后的灌溉水分生产率；其中有4个协会资料不全，无法计算建立协会前的灌溉水分

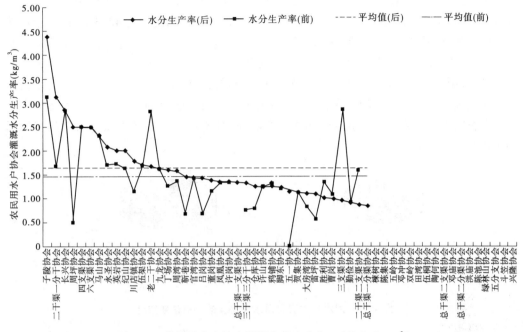

图 4-10　农民用水户协会灌溉水分生产率　（单位:kg/m³）

生产率。根据 34 个协会的统计,建立协会前平均灌溉水分生产率为 1.46 kg/m³,建立协会后平均值提高到 1.64 kg/m³,提高了 12.3%。在 34 个协会中,有 16 个协会的灌溉水分生产率建协会后比建协会前提高,比例为 47.1%;有 12 个没变,比例为 35.3%;有 6 个协会变小了,比例为 17.6%。建立协会后,灌溉水分生产率最低的为总干渠一分渠用水户协会的 0.83 kg/m³,最高的为子陵用水户协会的 4.40 kg/m³。灌溉水分生产率在协会之间的差异较大,主要是由于用水户协会建立后,部分用水户协会加强了灌溉水和工程维护管理,使得灌溉水的分配和工程管理状况有了较大提高。单位面积灌溉用水量在用水户协会的合理管理下有所减少,而单位面积的水稻产量维持不变或略有提高,从而提高了灌溉水分生产率。

4.3　基于用水户的调查分析

共调查 201 户用水户,期望通过典型用水户对用水户协会的认识来反映用水户协会建设和运行的绩效。针对用水户,主要从以下三个方面进行协会绩效的评价。

4.3.1　用水户对农民用水户协会的一般认知情况

用水户对用水户协会的一般认知包括:用水户是否知道农民用水户协会存在、是否知道本村或者当地用水户协会主席的姓名,用水户是否参加用水户协会的选举、是否参加用水户协会组织的用水户会议的情况以及用水户认为用水户协会反映用水户意愿方面的效果等。

统计分析表明(见图4-11),知道用水户协会的用水户占74.1%,知道用水户协会主席名字的占59.4%,参加用水户选举和用水户协会会议的比例均为42.3%;在协会反映用水户意愿方面,认为"很好"的占14.1%,"较好"的占49.7%,"一般"的占12.3%,"基本可以"的占15.3%,"不能"反映用水户意愿的占8.6%。

可见,用水户对于用水户协会的认知程度和参与程度都存在一定的欠缺。大多数用水户知道农民用水户协会的存在,但是参与到用水户协会建设的比例偏小。大多数用水户认为农民用水户协会是能够反映用水户意愿的,但还有近35%的人认为自己的意愿不能得到有效的满足。

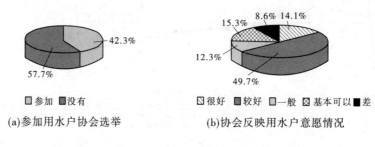

(a)参加用水户协会选举   (b)协会反映用水户意愿情况

图4-11   用水户对农民用水户协会的一般认知统计

4.3.2   用水户对于农民用水户协会灌溉用水管理的一般认知

用水户对于灌溉用水管理的一般认知包括农民用水户协会建立后,用水户认为灌溉用水量发生变化的程度、灌溉用水及时性发生变化的程度、花费在放水时间上的变化程度等。

统计分析表明(见图4-12),在用水管理方面,用水户认为用水户协会建立后灌溉用水量"减少很多"的占8.8%,"有所减少"的占27.1%,"没有变化"的占57.1%,"有所增加"的占5.8%,"增加很多"的占1.2%;用水户认为用水户协会建立后灌溉用水的及时性有所变化,认为灌溉用水"很及时"的占12.1%,"较及时"的占56.9%,"没有变化"的占13.2%,认为"不及时"的占14.4%,"很不及时"的占3.4%。

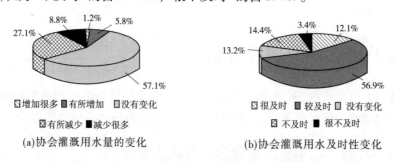

(a)协会灌溉用水量的变化   (b)协会灌溉用水及时性变化

图4-12   用水户对于灌溉用水管理的一般认知统计

可见,建立农民用水户协会以后,大部分地区灌溉用水量基本上没有多大变化,有一部分地区灌溉用水量减少,主要是由于这些地区在用水户协会的管理下,灌溉工程有所改善,灌溉用水管理更加趋于合理高效,使得输水效率提高,灌溉水浪费减少。总体上,因为用水户协会参与灌溉管理,它是用水户自己的组织,从用水户实际出发,用水户认为建立用水户协会后,灌溉用水的及时性得到提高,花费在放水的时间有所减少。

4.3.3　用水户对于农民用水户协会水务管理的一般认知

用水户对于农民用水户协会水务管理的一般认知包括:用水户认为建立农民用水户协会后水费的变化程度、用水户协会对于"水量、水费、水价"是否能够公开、用水户对于三公开的数目是否关注等。

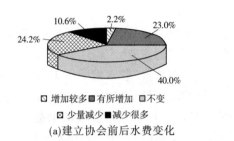
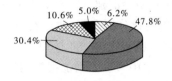

(a)建立协会前后水费变化　　　　(b)是否知道农民用水户协会

图 4-13　用水户对于农民用水户协会水务管理的一般认知统计

统计分析表明(见图 4-13),在水费水价方面,用水户认为建立用水户协会以后水费"增加较多"的占 2.2%,"有所增加"的占 23.0%,"不变"的占 40.0%,"少量减少"的占 24.2%,"减少很多"的占 10.6%;认为"水量、水费、水价"公开的占 70.9%,用水户去看公布数字的占 44.1%。因此,建立用水户协会后,水费总体呈减少趋势,水费公开程度得到提高。用水户协会建立以后水费增加主要是由于有些协会在水费中附加了部分工程建设和协会自身运作费用,而水费减少主要是因为用水户协会在工程及管理上面加强管理,渠道设施有所改善,水量损失减少,用水效率提高。

用水户对于农民用水协会的建立有着自己的评价,认为协会的建立"很好"的占 6.2%,"较好"的占 47.8%,"一般"的占 30.4%,"无所谓"的占 10.6%,"差"的占 5.0%。总体来讲,用水户对用水户协会持认可态度。农民用水户协会的建立对于广大用水户来讲,最直接的好处就是灌溉用水得到了保证,并且随着工程设施的逐步完善和配套,输水效率提高,水量损失减少,在一定程度上也降低了水费支出,灌溉用水的管理更加趋于规范有序,统一调配,减少了各级水事纠纷,减少了水费收取环节,水费收取趋于透明,用水户心中有数。

4.4　基于典型单位的调查分析

共调查了 40 个相关典型单位,包括相关市、县、区民政局,水利局,干渠管理处,管理段,镇政府,水利服务中心等。调查对象为分管农业灌溉的负责人。调查与农民用水户协会相关单位是为了分析建立农民用水户协会后,对灌溉管理单位职员人数变化、职员收入变化、供水单位水费计收工作量变化、供水单位用于斗渠以下工程的维护工作量变化和政府对于相关单位的投入变化等的影响。

典型相关单位对农民用水户协会也有着从自身角度的评价,调查分析表明,认为农民用水户协会"很好"的占25%,认为"较好"的占50%,认为"一般"的占17.5%,认为"较差"的占5%,认为"差"的占2.5%。从以上数据可以看出,相关单位对于用水户协会的建立、运行管理还是相当认同的,对他们的工作予以了肯定,同时,在一定程度上反映出农民用水户协会的建立给相关单位的工作也带来了便利。

据调查,相关典型单位在建立用水户协会前后相比,大部分单位职员人数减少,或者基本无变化。但是分析表明,相关单位人员的减少并不是因为农民用水户协会的建立,而是因为相关体制的改革而进行了必要的裁员。职员收入基本没有变化,收入的增长和减少与农民用水户协会的建立没有必然的联系。

图4-14的统计分析表明,建立农民用水户协会以后,供水单位用于征收水费的工作量有变化,认为"减少很多"的占12.5%,"有所减少"的占47.5%,"不变"的占12.5%,"有所增加"的占10.0%,"增加很多"的占5.0%,"不负责"收水费的占12.5%。可见总体水平上,建立用水户协会后,相关单位水费收取的工作量是减少的。主要是因为建立用水户协会以后,水费收取工作完全由用水户协会负责。用水户协会收取水费后直接交到供水单位,而不再像以前要通过村组、乡镇等多个有关部门,才能交到供水单位,存在很多繁琐程序。

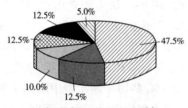
(a)水费收取工作量变化

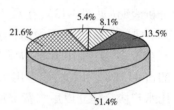
(b)维护斗渠以下工程的工程量变化

图4-14 相关典型单位在建立协会后工作量的变化情况

用于斗渠以下渠道的工程维护工程量,供水单位认为"减少很多"的占8.1%,"有所减少"的占13.5%,认为"不变"的占51.4%,认为"有所增加"的占21.6%,认为"增加很多"的为0,"不负责"这部分工作的占5.4%。按照农民用水户协会的建立章程,用水户协会应当负责斗渠以下的工程维护,但是就目前漳河灌区农民用水户协会的状况而言,大部分用水户协会还没有能力负责工程维护。大部分协会没有经济来源,从水费中提留的费用又不能负担工程维护。所以,目前斗渠以下的工程维护还是政府部门在负责出资金维护。

政府对相关典型单位的投入方面,调查分析表明(见图4-15),认为"增加很多"的占2.5%,认为"有所增加"的占35.0%,认为"不变"的占40.0%,认为"减少很多"的占12.5%,还有10.0%的单位认为政府对典型单位没有投入。大部分单位认为政府投入的增加与农民用水户协会的建立无关,主要是政府政策的支持,比如"以奖代补"政策。

图4-15 政府对相关典型单位投入的变化情况

4.5 有无用水户协会条件下绩效指标的调查分析

调查了19个非农民用水户协会范围内的村组和49户非农民用水户范围内的普通用水户(以下简称农户),以期望和建立农民用水户协会的地区相比较,分析两种不同管理方式的优劣。就调查总体情况而言,虽然这些地区没有建立农民用水户协会,但是大部分村组在灌溉水管理上都向农民用水户协会学习和借鉴。

4.5.1 协会用水户和非协会农户比较评价

此次共调查用水户协会范围内用水户201户,非协会范围内农户49户,期望通过在这两种不同的管理方式下,用水户的认识来反映农民用水户协会的运行绩效,同时就两种管理方式的优劣进行比较分析。非协会地区的灌溉水管理以"费改税"改革前后做比较,协会地区的灌溉水管理以建立农民用水户协会前后做比较。

4.5.1.1 非协会地区农户和协会地区用水户对村组和协会管理的认知评价

没有建立协会地区的农户对于农民用水户协会还是比较了解的,都愿意加入农民用水户协会,认为协会在一定程度上能够反映用水户的意愿。

调查表明(见图4-16),非协会地区农户认为村组管理灌溉管理"很好"的占8.1%,认为"好"的占43.2%,认为"一般"的占40.5%,认为"无所谓"的占5.4%,认为村管理"差"的占2.8%。相比较,协会用水户认为协会灌溉管理"很好"的占6.2%,认为"好"的占47.8%,认为"一般"的占30.4%,认为"无所谓"的占10.6%,认为"差"的占5.0%。从用水户总体评价来讲,协会灌溉管理和村组灌溉管理在用水户或农户角度来讲差别不是很大。因为现在村组的灌溉管理向协会管理靠近,他们学习协会的先进做法,特别是农村实施"费改税"后,杜绝了水费征收过程中的"搭车收费"现象,所以从用水户角度来讲,村组和协会灌溉管理的差别不是很大。

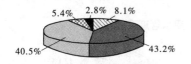
(a)非协会农户对村组灌溉管理的总体评价

(b)协会用水户对协会灌溉管理的总体评价

图4-16 用水户对管理机构的总体评价统计

图4-17表明,村组范围内41.9%的农户和协会范围内63.8%的用水户认为协会可以反映用水户的意愿,非协会范围的农户对于协会的优势以及运作方式了解程度还不够,有35.5%的非协会范围用水户反映不了解、不清楚农民用水户协会。

从非协会农户和协会用水户总体评价来讲,51.3%的非协会农户认为村组灌溉管理"很好"或"好",但是有61.2%的农户认为用水户协会更能反映他们自身意愿;54%的协会用水户认为协会灌溉管理"很好"或"好",63.8%的用水户认为协会可以"较好"地反映他们自身意愿。故协会灌溉管理和村组灌溉管理从用水户或农户角度来讲差别不是很

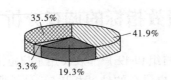
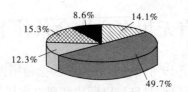

35.5%　41.9%　3.3%　19.3%

■ 可以　■ 基本可以　□ 不能　⊠ 不清楚

8.6%　14.1%　15.3%　12.3%　49.7%

■ 可以　■ 较好　□ 中等　⊠ 基本可以　■ 不能

(a)非协会农户是否认为协会更能反映用水户意愿　　(b)协会反映用水户意愿情况

图 4-17　管理机构对用水户意愿反映情况的调查结果统计

大,都有超过 50% 以上的用水户或农户给予相应的管理机构"好"以上的评价。但有超过 60% 的非协会农户更加希望以用水户协会形式来组织灌溉管理。分析表明,非协会村组虽然逐步学习和借鉴用水户协会先进的灌溉管理措施,但是农户更希望自身意愿得到最大满足,故他们更加愿意以用水户协会的形式来组织灌溉管理。

4.5.1.2　非协会地区农户和协会地区用水户对村组和协会灌溉用水管理的认知评价

调查表明(见图 4-18、图 4-19),非协会地区大部分农户认为农村"费改税"后灌溉用水量基本维持在原来的水平,54.5% 的农户反映灌溉用水量"没有变化",34.1% 的认为自己的灌溉水量"有所减少",50% 的反映灌溉水相比"费改税"前较及时。协会地区在建立协会以后,用水量也基本上持平,57.1% 的用水户反映灌溉用水量"没有变化",27.1% 的用水户反映"有所减少",8.8% 的用水户反映"减少很多"。在灌水及时性方面,56.9% 的用水户反映相比建立协会前"较及时",12.1% 的人反映与建立协会前相比"很及时"。

2.3%　2.3%　6.8%　34.1%　54.5%

⊠ 增加很多　■ 有所增加　□ 没有变化　⊠ 有所减少　■ 减少很多

4.4%　6.5%　21.7%　17.4%　50.0%

■ 很及时　■ 较及时　□ 没有变化　⊠ 不及时　■ 很不及时

(a)村组"费改税"前后灌溉用水量的变化　　(b)村组"费改税"前后用水及时性变化

图 4-18　非协会范围村组灌溉用水管理调查结果

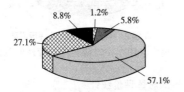
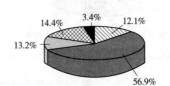

8.8%　1.2%　5.8%　27.1%　57.1%

⊠ 增加很多　■ 有所增加　□ 没有变化　⊠ 有所减少　■ 减少很多

14.4%　3.4%　12.1%　13.2%　56.9%

■ 很及时　■ 较及时　□ 没有变化　⊠ 不及时　■ 很不及时

(a)建立协会前后灌溉用水量的变化　　(b)建立协会前后灌溉用水及时性变化

图 4-19　农民用水户协会灌溉用水管理调查结果

在两种灌溉管理模式下,由于相互学习,在节水灌溉技术推广或者是在灌溉管理上运行都较为相近,所以灌溉用水量的变化差别不大。但是"费改税"和用水户协会的建立还是在一定程度上减少了灌溉用水量。相比而言,协会管理上体现出来的工程维护的优势,还是在灌水量变化中让部分用水户(8.8%)感受到"减少很多";另一方面,随着协会工程设施的改善,原先无法灌溉的区域现今也能保证灌水,故调查中也有用水户(6.5%,大于非协会地区的1.2%)反映灌溉用水量增加。

灌水及时性方面,协会管理地区就显示出了优势。69%的协会用水户反映,建立用水户协会以后,灌溉用水"较及时"或者"很及时",而相比村组管理模式下,56.5%的农户认为"费改税"改革后,灌溉用水"较及时"或者"很及时"。可见,用水户协会的建立在原来"费改税"的基础上又很大程度地提高了灌溉用水的及时性,其在灌溉水合理分配、工程维护等多个方面体现出较大的优势,因此灌溉输水损失减少,水流通畅,缩短了输水时间。

4.5.1.3 非协会地区农户和协会地区用水户对村组和协会水费计收方面的评价

在漳河灌区,不管是用水户协会还是村组管理地区,水费标准现在都实行"两部制"水价,即基本水费5元/亩,方量水费0.033元/m³。部分协会地区追加了末端水价0.002~0.005元/m³,作为协会运行和工程维护费用。"费改税"以前,很多地区不能合理灌溉,集体放水,大水漫灌,水浪费现象十分严重,用水管理水平低下,同时用水户的节约意识也比较淡薄,"搭车收费"现象比较严重;"费改税"以后,"搭车收费"有所降低,节水意识也有所提高,很多方面都得到了有效改善。根据调查显示,非协会地区42.3%的农户认为"费改税"以后水费"有所减少"或者"减少很多",但同时也有24.4%的农户认为"费改税"以后水费"有所增加"(见图4-20)。可见,"费改税"在一定程度上影响水费。用水户协会地区,有34.8%的用水户认为水费在建立协会以后"有所减少"或"减少很多"。这主要是建立农民用水户协会以后,一方面减少了水费收取环节,杜绝了"搭车收费"、"灰色"水费;另一方面,灌溉有序、合理,渠系工程有所改善,水量损失减少,基本杜绝了上游大水漫灌、下游无水干旱的状况,同时用水户的节约用水意识也有所增强。总体来讲,用水户协会建立以后,灌溉用水量减少,虽然反映水费标准有所提高,但总的水费额度依然是降低的。

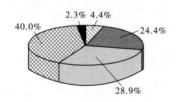 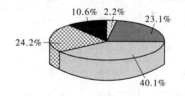

(a)非协会农户水费在"费改税"前后变化   (b)协会用水户建立协会前后水费变化

图4-20　水费变化情况的调查结果

4.5.2　协会与村组灌溉管理之间对比评价

共调查55个农民用水户协会、10个协会范围内的村组、19个非协会范围内的村组。选取协会范围内村组和非协会范围内村组,从协会组织建设、工程状况及维护、灌溉用水管理、经济效益等4个方面11个相关指标就两种不同灌溉管理条件下的村组灌溉管理进行比较分析。

4.5.2.1　组织建设指标

从3个具体的综合指标,即村组基本条件综合指标、村组职能综合指标、村组与外部组织关系综合指标,反映不同管理模式下村组在组织灌溉用水方面的差异。指标计算参见第 3 章。

村组基本条件综合指标包括是否有固定的办公场所、是否有灌溉管理的相关规章制度、是否有村管水员。从表 4-5 可以看出,非协会村组和协会村组基本条件综合指标值分别为 0.74 和 0.78,表明非协会村组和协会村组都有较好的基本条件,但有个别的非协会村组基本条件比较差,如高庙村、龙王村等,该指标值只有 0.25,很多村组都没有专门的村管水员和相关的灌溉管理规章制度。

表 4-5 组织建设具体指标对比

村名	非协会村组			村名	协会村组		
	村组基本条件综合指标	村组职能综合指标	村组与外部组织关系综合指标		村组基本条件综合指标	村组职能综合指标	村组与外部组织关系综合指标
洪桥铺村	1.00	0.72	0.550	胜利村	1.00	0.68	0.85
联合村	1.00	0.94	0.750	金牛村	1.00	0.63	0.65
前程村	0.75	0.89	0.820	石牛村	0.50	0.30	0.35
郭场村	0.75	0.57	0.535	白岭村	1.00	0.89	0.85
高庙村	0.25	0.78	0.600	蒋集村	0.75	0.94	0.59
黎明村	1.00	0.89	0.900	青桥村	1.00	0.37	0.60
双碑村	1.00	0.72	0.370	柴集村	0.50	0.77	0.34
龙王村	0.25	0.72	0.245	雷集村	0.75	0.51	0.40
白鹤村	0.25	0.77	0.720	英岩村	1.00	0.49	0.40
蔡庙村	1.00	0.89	0.900	烟墩村	0.25	0.57	—
陈闸村	1.00	0.89	0.710				
张岗村	0.50	0.89	0.900				
许岗村	1.00	0.89	0.810				
显灵村	0.75	0.84	0.475				
双冲村	0.50	0.94	0.420				
长岗村	1.00	0.89	0.810				
斑竹村	1.00	0.89	0.470				
车桥村	0.75	0.94	0.780				
和平村	0.25	0.94	0.775				
平均值	0.74	0.84	0.66	平均值	0.78	0.62	0.56

村组职能综合指标包括灌溉管理范围内的配水、维护渠道、兴修水利设施、计收水费、征收其他费用、为用水户提供技术指导、提供灌溉和农艺技术指导、解决用水纠纷等。从表 4-5 可以看出,协会地区村组该指标的平均值为 0.62,小于非协会地区村组的 0.84。建立用水户协会以后原来村组的相应职能转换到由协会负责完成,这样就降低了协会地区村组的灌溉管理职能;相反,非协会地区的村组仍然承担着灌溉管理的相应职能。

村组与外部组织关系综合指标包括村领导参加供水单位的会议和村委会与灌区管理单位会议情况、村委会与灌区供水单位在灌溉水分配发生冲突情况、村委会在工程维护方面和供水单位冲突情况、村管水员是否知道灌溉水在其他支渠上的分配情况、供水单位与村组是否签订供水合同、村组与供水单位权力划分冲突情况等。从表4-5可以看出，协会村组与外部组织的关系综合指标平均值0.56，同样低于非协会地区的0.66。建立用水户协会以后，协会同样代办了村组与供水单位的各方面关系，但是仍然有村组这一行政关系的划分，村组就不可避免地还是会与供水单位打交道，故协会地区的村组与外部组织的关系紧密。相反，非协会地区的村组作为一个单独个体要与供水单位有频繁的接触，故其值要高于协会地区。

4.5.2.2 工程状况及维护指标

从3个具体指标，即工程维护综合指标、工程完好率指标、渠道水利用系数指标，对不同管理条件下的工程状况作对比。指标计算参见第3章。

从表4-6可以看出，这3个指标方面协会管辖范围内的都高于非协会地区的村组。协会范围内的村组工程维护综合指标平均值为0.415，大于非协会地区村组的0.321；协会范围内村组的工程完好率指标平均值为62%，大于非协会地区村组的59%；协会范围内村组的渠道水利用系数指标平均值为0.67，大于非协会地区村组的0.58。这主要得益于农民用水户协会本身立足于用水户，是用水户自己的组织，其在工程维护方面的积极性和负责性较高。在协会的有效组织及用水户积极支持下，协会地区村组灌溉工程维护相比于非协会地区村组要好。而非协会地区虽然农户有着强烈地维护、兴修水利设施的意愿，但是村组重视程度不够，不能以主人翁的态度对待，大大削减了农户的积极性，从而使该区域灌溉设施年久失修，甚至破坏。

表4-6 工程运行方面具体指标对比

村名	非协会村组			村名	协会村组		
	工程维护综合指标	工程完好率指标（%）	渠道水利用系数指标		工程维护综合指标	工程完好率指标（%）	渠道水利用系数指标
洪桥铺村	0.639	30	0.40	胜利村	0.858	100	0.90
联合村	0.534	80	0.40	金牛村	0.432	50	0.70
前程村	0.205	25	0.45	石牛村	0.912	70	0.90
郭场村	0.250	90	0.85	白岭村	0.165	50	0.50
高庙村	0.125	80	0.40	蒋集村	0.245	70	0.85
黎明村	0.245	70	0.60	青桥村	0.259	50	0.45
双碑村	0.590	—	0.90	柴集村	0.165	50	0.70
龙王村	0.330	80	0.60	雷集村	0.165	60	0.60
白鹤村	0.165	70	0.70	英岩村	0.550	50	0.70
蔡庙村	0.330	60	0.60	烟墩村	0.400	70	0.40
陈闸村	0.370	45	0.45				
张岗村	0.425	80	0.50				

村名	非协会村组			村名	协会村组		
	工程维护 综合指标	工程完好率 指标(%)	渠道水利用 系数指标		工程维护 综合指标	工程完好率 指标(%)	渠道水利用 系数指标
许岗村	0.165	20	0.50				
显灵村	0.165	90	0.60				
双冲村	0.205	60	0.70				
长岗村	0.207	40	0.60				
斑竹村	0.165	40	0.30				
车桥村	0.438	60	0.75				
和平村	0.550	50	0.70				
平均值	0.321	59	0.58	平均值	0.415	62	0.67

4.5.2.3 灌溉用水管理指标

从 4 个具体指标,即灌溉水分配及影响综合指标、水费收取率指标、供水投劳变化程度综合指标、用水计量方式综合指标进行比较。指标计算参见第 3 章。

从表 4-7 可以看出,在灌溉水分配问题上,包括灌溉水的供给可靠性、分配的公平性和均等性、用水户的满意度、灌溉水的保证率等,由协会管理地区的村组在这方面要远远高于非协会管理地区村组,协会管理村组的平均灌溉水分配综合指标为 0.90,而非协会地区村组该指标平均值只有 0.53。可见,协会地区在灌溉管理、水量分配上要优于非协会地区。

水费收取率在协会管理和村组管理两种管理模式下没有很大的差别,两种管理模式下该指标平均值均为 94%。目前,非协会地区的水费收取方式向用水户协会收取模式学习,水费的收取讲究公开透明化、合理化,按量计费。水费收缴的基本方式是,农户在年初向村组或者协会预交水费,根据当年的灌溉放水情况多退少补,不交水费通常情况下不予以放水,但是遇到确实经济困难者,先予以放水,以后补交或者通过工程维护投工投劳进行补偿。所以,水费的收取工作在两种管理模式下区别不是很大,特别是"费改税"后,杜绝了水费收缴过程中的"搭车收费"现象,非协会地区村组在学习用水户协会水务管理措施下,也讲究水务公开,水费收取率大大提高。

供水投劳变化程度综合指标包括年放水次数、需要水但得不到水的情况、看水需要的工日、工程维护投劳工日、需要提前几天申请用水等。从表 4-7 可以看出,协会管理地区的村组供水投劳变化程度综合指标平均值为 0.738,高于非协会地区村组的 0.597。灌溉时,非协会地区没有对每条支渠、斗渠进行有效的灌溉管理,这就需要组织下游较多的劳力守水,同时在工程维护方面非协会地区村组相比协会地区投入不够,他们的工程维护资金主要来源于政府投入或者村办、乡办企业的投入,如果没有相应的资金投入,那么工程维护基本就没有开展。非协会地区的农户对于村组存在不满情绪(这些不满情绪可能来自于除灌溉方面以外的村组事务),这就给村组在日常清淤清障工作带来不便,农户存在抵触情绪,不愿参加;而用水户协会是用水户自己的组织,实行完全自主管理,而且建立后完全为用水户服务,用水户们都积极主动地参加协会组织的投工投劳。

表 4-7　用水管理方面具体指标对比

村名	非协会村组				村名	协会村组			
	灌溉水分配及影响综合指标	水费收取率指标（％）	供水投劳变化程度综合指标	用水计量方式综合指标		灌溉水分配及影响综合指标	水费收取率指标（％）	供水投劳变化程度综合指标	用水计量方式综合指标
洪桥铺村	0.60	70	0.500	0.85	胜利村	1.00	—	0.765	—
联合村	0.65	80	0.500	0.51	金牛村	1.00	80	0.775	0.65
前程村	0.65	100	1.000	0.61	石牛村	1.00	100	0.945	0.39
郭场村	0.15	100	0.775	0.93	白岭村	0.55	100	0.705	0.85
高庙村	0.15	100	0.830	0.50	蒋集村	0.95	97	0.680	0.85
黎明村	0.55	100	0.655	0.78	青桥村	0.95	80	0.775	0.8
双碑村	0.75	85	0.530	0.78	柴集村	0.95	100	0.845	0.68
龙王村	0.75	90	0.500	0.78	雷集村	0.70	98	0.680	0.51
白鹤村	0.75	90	0.625	0.61	英岩村	0.95	100	0.430	0.85
蔡庙村	0.65	90	0.640	0.78	烟墩村	0.95	90	0.775	0.38
陈闸村	0.75	95	0.720	0.61					
张岗村	0.10	100	0.600	0.78					
许岗村	0.30	100	0.500	0.78					
显灵村	0.60	100	0.280	0.47					
双冲村	0.55	100	0.525	0.32					
长岗村	0.65	100	0.625	0.61					
斑竹村	0.25	100	0.510	0.61					
车桥村	0.75	90	0.525	0.68					
和平村	0.55	95	0.500	0.61					
平均值	0.53	94	0.597	0.66	平均值	0.90	94	0.738	0.66

　　在用水计量方式综合指标上,非协会地区村组和协会地区村组差异不大,都为0.66左右。现状条件下不管是用水户协会管理还是村组管理,用水计量方式在全灌区都推广"两部制"水价,并且都采取了计量收费,因此两种管理条件下用水计量方式综合指标基本一致。

4.5.2.4　经济效益指标

　　因为在调查中没有获得协会地区村组的收入数据,故经济效益方面只选取单位面积水稻产量指标作比较。从表4-8可以看出,非协会地区村组和协会地区村组水稻亩产基本一致,都为610 kg/亩左右,非协会地区的平均单位面积水稻产量略高于协会地区。非协会地区村组不断地学习协会地区先进的灌溉管理,灌溉管理条件也得到了逐步的提高,保证水量,及时供水,保证了作物的正常生长。同时,整个漳河灌区都在积极推行行之有效的水稻节水灌溉方法,提高了水稻产量。所以,协会和非协会地区的单位面积水稻产量差别不大。

表 4-8　单位面积水稻产量指标对比

村名	非协会村组	村名	协会村组
	单位面积水稻产量指标(kg/亩)		单位面积水稻产量指标(kg/亩)
洪桥铺村	600	胜利村	500
联合村	500	金牛村	600
前程村	600	石牛村	600
郭场村	550	白岭村	575
高庙村	750	蒋集村	750
黎明村	600	青桥村	600
双碑村	500	柴集村	500
龙王村	500	雷集村	550
白鹤村	500	英岩村	750
蔡庙村	600	烟墩村	600
陈闸村	650		
张岗村	750		
许岗村	750		
显灵村	775		
双冲村	875		
长岗村	550		
斑竹村	750		
车桥村	600		
和平村	500		
平均值	626.32	平均值	602.50

4.6　协会绩效指标纵向对比分析

农民用水户协会绩效指标纵向对比分析即对农民用水户协会自建立以来逐年绩效指标进行比较,以反映建立协会后相关指标的逐年变化。通过这样的纵向跟踪比较分析,希望能够找到农民用水户协会合理高效发展运作的相关经验,推进农民用水户协会持续、高效、稳定的发展。由于必须具备一定系列长度的相关资料,这里主要选取漳河灌区总干渠一支渠协会、二干渠二支渠协会、二干渠四支渠协会、三干渠洪庙支渠协会、三干渠三支渠鸦铺协会、三干渠吕岗协会、四干渠五一协会、四干渠英岩协会等 8 个协会作为研究对象,通过实地调查,获取相关协会逐年收支情况、灌溉用水及作物产量、水费收取情况、工程状况和工程维修情况等资料,根据获取的数据资料进行指标计算及分析。表 4-9 为不同协会调查获取资料基本情况。

表 4-9　典型协会逐年调查资料

序号	协会名称	协会收支情况		协会水稻产量		协会灌溉水量		协会水费收取	
		年份	系列长度	年份	系列长度	年份	系列长度	年份	系列长度
1	总干渠一支渠协会	2003～2004 2006～2007	4	2003～2006	4	2003～2006	4	2002～2006	5
2	二干渠二支渠协会	2001 2004～2007	5	2001～2006	6	2001 2004～2007	5	2001 2004～2006	4
3	二干渠四支渠协会	2004～2007	4	2004～2007	4	2004～2007	4	2004～2007	4
4	三干渠洪庙支渠协会	2005～2007	3	2004～2006	3	2005～2007	3	2004～2006	3
5	三干渠三支渠鸦铺协会	2006～2007	2	2006～2007	2	2006～2007	2	2006～2007	2
6	三干渠吕岗协会	2001 2003～2006	5	2005～2006	2	2003～2006	4	2003～2006	4
7	四干渠五一协会	2005	1	2004～2006	3	2005	1	2004～2005	2
8	四干渠英岩协会	2005	1	2006	1		0	2005	1

4.6.1　协会收支比例

　　根据获得的财务收支情况作协会收支比例分析,因四干渠两个协会只有一年的资料,故没有分析。其他6个协会逐年收支比例变化结果如图4-21所示。

　　农民用水户协会收入支出比例和协会管辖范围内的放水量有关,它在一定程度上能够反映协会自负盈亏的能力。放的水多,水费收入就高;反之,水费收入就少。若某年降雨丰足,不需灌溉,则没有水费收入,若再没有政府补贴,协会收入则为零。图4-21中,没有数据的年份是因为协会这一年没有放水。从图4-21中可以看出,这几个协会的收支比例基本维持在1.0以上。个别年份因为工程维修投入多,同时水费收入少而低于1.0。

　　从图4-21中可以看出,二干渠二支渠协会、二干渠四支渠协会、三干渠洪庙支渠协会的收支比例有逐年降低趋势,特别在2007年降低较多。这主要是因为一方面水费收入相对减少,协会执委的补贴在增加或者保持不变;另一方面随着农民用水户协会的逐渐完善发展,协会对于渠道工程的要求逐渐提高,对协会渠道工程的投入逐渐增加。因而造成了协会收支比例逐渐降低的趋势,但多数年份仍然保持在1.0以上。2007年由于漳河灌区降雨丰沛,仅在泡田插秧期放水一次,故水费收入偏少,收支比例偏低,特别在二干渠四支渠和二干渠二支渠协会。

　　总干渠一支渠协会、三干渠吕岗协会、三干渠三支渠鸦铺协会的收支比例多年来基本持平。这主要是因为虽然协会水费收入有变化,但是协会基本上没有执委补贴,或者没有开展工程维护工作,即使开展工程维护,也只是资金较少投入的人工清淤,所以没有大的支出。

　　丰水年份由于灌溉水量少,协会水费收入就少,而日常开支并不会因为降雨的减少而显著降低。因此,如何通过其他途径增加协会的收入来源,维持稳定的收入额度,以保证收支平衡是协会可持续发展面临的问题之一。

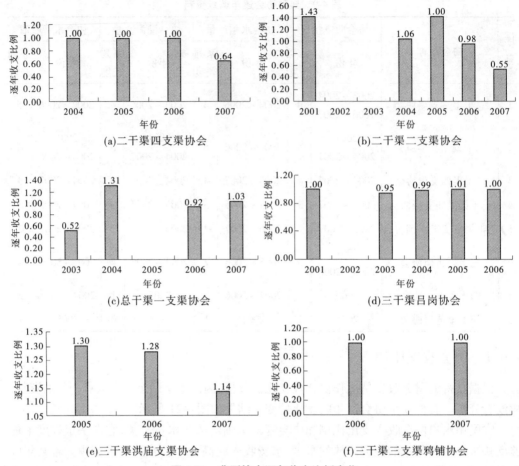

图 4-21　典型协会逐年收支比例变化

这里所选的协会在漳河灌区农民用水户协会中属于运行较好的协会。可以看出,收支比例保持在 1.0 以上就有利于协会的发展,利于他们开展相关工作。

4.6.2　单位面积灌水量

根据获得的协会灌溉面积和总灌水量情况作协会单位面积灌水量分析,因三干渠鸦铺协会和四干渠英岩协会、五一协会资料序列较短,故没有分析。其他 5 个协会的单位面积灌水量逐年变化如图 4-22 所示。

单位面积灌水量主要与降雨在年间的变化有关系。降雨丰足,则灌水量少;反之,则多。图 4-22 中没有数据的年份是因为协会这一年没有放水。同时,有 3 个协会的数据不够形成系列,所以只有 5 个协会的年际变化。2007 年为丰水年,灌水量较少。

图 4-22 表明,除三干渠吕岗协会及二干渠二支渠协会外,其余各协会的单位面积灌水量指数趋势逐年降低。可以直观分析得出,随着农民用水户协会的建立以及逐年的发展,协会工程条件有所提高,灌溉水管理与分配逐渐趋于合理高效,单位面积的灌水量逐渐减少。这也正是建立农民用水户协会的原因之一,以此来达到节约灌溉用水的目的。

三干渠吕岗协会单位面积灌溉水量呈逐年增高趋势,是因为该协会灌溉面积没有发

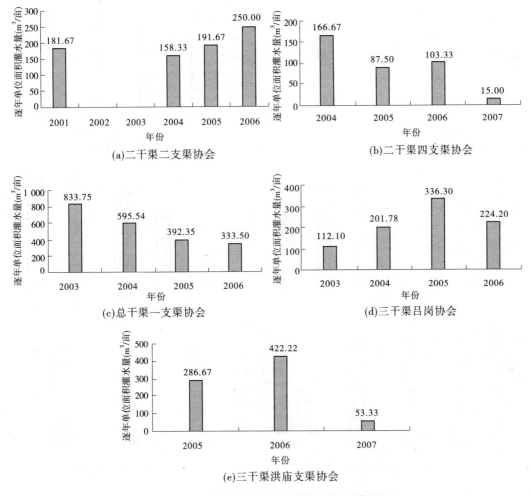

图 4-22 典型协会单位面积灌水量逐年变化

生变化,相反总的灌水量逐年增加,从 2003 年的 100 万 m³ 增加到 2006 年的 300 万 m³。虽然是逐年增高的趋势,但单位面积灌水量还是小于灌区平均的 370 m³/亩的值,所以该协会的灌溉管理还是比较好的。

4.6.3 水费收取率

根据获得的水费收取情况作协会逐年水费收取率分析,因四干渠英岩协会资料序列较短,故没有分析。其他 7 个协会的水费收取率逐年变化见图 4-23。

从图 4-23 可以看出,四干渠五一协会、二干渠二支渠协会、总干渠一支渠协会的水费收取率逐年增加;二干渠四支渠协会、三干渠洪庙协会、三干渠三支渠鸦铺协会的水费收取率则一直保持在 100%;三干渠吕岗协会的水费收取率则保持在 95% 左右。这主要是建立农民用水户协会以后,水费收取环节减少,杜绝了其他部门的截留、挪用,实行"三公开"制度,水务公开,故用水户积极主动地上交水费,水费收取率不断地提高。其中,个别地区协会内的经济困难户没有能力上交水费,协会采用其投工投劳形式补偿水费,如三干

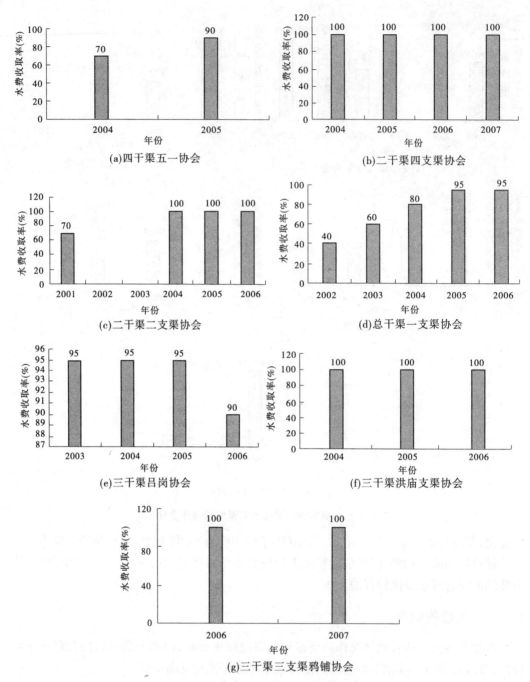

图 4-23 典型协会水费收取率逐年变化

渠吕岗协会。同时,协会从末级水费中提取一部分资金用于渠系工程设施的维护,形成了一个良好的运行机制。

4.6.4 单位面积水稻产量

根据获得的水稻产量情况作协会单位面积水稻产量逐年变化分析,因四干渠英岩协会资料序列较短,故没有分析。其他 7 个协会该指标逐年变化如图 4-24 所示。

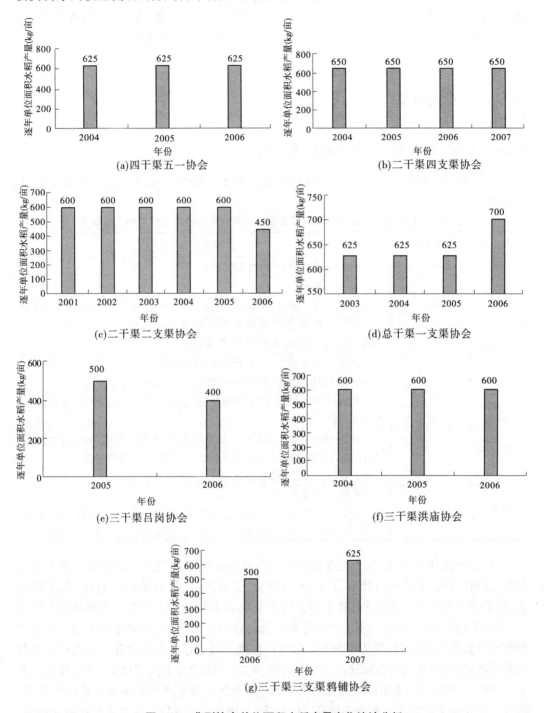

图 4-24 典型协会单位面积水稻产量变化统计分析

单位面积水稻产量与水稻品种、复种指数、灌水条件、病虫害等因素有关。从图 4-24 可以看出,单位面积水稻产量在各协会之间差异不大,除去 2006 年外(2006 年漳河灌区大部分地区遭受虫害,造成水稻产量减产),单个协会年际之间的差异也不是很大,均保持在 500 ~ 650 kg/亩,且每年各协会单位面积产量保持稳定高产。在建立协会以后,灌溉管理趋于合理,灌溉水量能够保证,作物生长的水量充足,故相比以前水稻产量稳定且高产。

4.7 本章小结

4.7.1 协会直观对比分类及其原因分析

通过本章的直观对比分析,对漳河灌区农民用水户协会绩效优劣进行简单分类,见表 4-10。

表 4-10 根据直观对比分析对漳河灌区农民用水户协会绩效优劣的分类结果

分类类型	协会个数(个)	协会名称
较好	15	总干渠:一支渠协会、二支渠协会; 一干渠:丁场协会; 二干渠:二支渠协会、川店镇协会、一分干协会、老二干协会、董岗协会; 三干渠:仓库协会、洪庙协会、周坪协会、吕岗协会; 四干渠:英岩协会、永圣协会、子陵协会
一般	27	总干渠:二分渠协会、一分干协会、凤凰协会; 一干渠:绿林山协会、曹岗协会、胜利协会、脚东协会; 二干渠:五分支协会、四支渠协会、三支渠协会、六支渠协会、纪山协会、大房湾协会; 三干渠:周湾协会、马山协会、九龙协会、雷坪协会、靳巷协会、官湾协会、鸦铺协会、许岗协会、三干渠三分干协会、陈集协会、双岭协会; 四干渠:五一协会、伍架协会、长兴协会
较差	13	总干渠:一分渠协会; 三干渠:斗笠协会、五岭协会、楝树协会、陈池协会、勤俭协会、兴隆协会; 四干渠:陶何协会、邓冲协会、贺集协会、田湾协会、伍桐协会、邓庙协会

(1)较好的协会共计 15 个。这些协会归为较好一类主要是因为它们在大部分指标上表现较好:协会组建综合指标方面,永圣协会、丁场协会、川店镇协会为 0.75,子陵协会、总干渠二支渠协会为 0.82;其余协会均为 1.0;协会职能综合指标也都维持在 0.5 以上,其中洪庙协会、二干渠二支渠协会等 6 个协会达到 0.85,而二干渠老二干协会更是达到灌区协会最高值 0.93;渠道水利用系数指标在建立协会以后也都比建立协会以前有较大的提高;协会收支比例指标除总干渠一支渠协会、子陵协会和英岩协会以外,其余的均大于 100%;工程完好率指标大部分均高于 50%;灌溉水分生产率指标也有较高的水平,相对于建立协会以前都有相应的提高。同时,这些协会在建立以后总灌水量都有所减少,单位面积水稻产量维持在较高水平(500 ~ 600 kg/亩)。

(2)较差的协会共计 13 个。这些协会归为一类有两方面原因。其一,协会资料不健全。如斗笠协会、楝树协会、伍桐协会、田湾协会、五岭协会,基本资料都没有记录或者是不清楚,可见协会的管理运作制度不健全。这在一定程度上就影响了相关指标。其二,运行不合理或者绩效不显著。表现在:①协会职能不能很好的履行,协会职能综合指标偏低,除棟树协会、陈池协会、五岭协会外,其余协会该指标都低于0.5;②协会组建综合指标偏低,除邓冲协会、斗笠协会外,其余协会该指标都低于0.6。协会职能及协会组建这两个指标是建立协会的基础条件,良好的基础才能带动协会合理高效的发展;③水费收取率指标偏低,这些协会中大部分协会的水费收取率低于90%,有的甚至低于70%;④单位面积灌水量偏高,除去没有资料的协会外,剩余几个协会的单位面积灌水量均达到600 m³/亩。

(3)一般的协会共计27个。除去较好的和较差的协会,余下的27个农民用水户协会归为一般分类。这些协会各指标整体上处于中游,也有个别指标异常。

4.7.2 漳河灌区农民用水户协会绩效总体评价

通过总体的调查统计和直观对比分析,得出漳河灌区建立农民用水户协会以来的绩效整体、直观的评价如下:

(1)漳河灌区农民用水户协会绩效总体较好。在被评价的55个协会中,绩效处于"较好"的15个,占27.3%,处于"一般"的27个,占49.1%,处于"较差"的13个,占23.6%。协会绩效处于一般以上的占76.4%,总体而言较好。

(2)用水户自主管理效果显著。用水户积极参与到灌溉管理和工程管理中,改善了灌溉管理秩序,灌溉调度趋于合理,用水户对灌溉工程的保护意识增强。

(3)公平用水,水事纠纷减少。用水户的自主管理以及协会的服务功能得到提高,灌溉用水更加趋于公平合理,灌水秩序增强,灌水更及时,灌溉保证率提高。协会承担守水、协调上下游用水矛盾以及干旱年份做到平衡、公平灌溉的任务,在很大程度上减少了水事纠纷,避免了抢水、偷水现象。

(4)扩大灌溉面积。由于协会对工程的及时维修和维护,工程输水能力得到提高,从而提高灌溉水保证率,使以前灌不到水的田,现在也能保证足额灌溉,灌溉面积有所恢复,为水稻丰产、高产提供了保障。

(5)节约劳动力,减少二次投入。协会建立以后,相应的灌溉工程配套在一定程度上得以提高,放水时减少了守水劳力的投入。渠道的及时清淤,工程设施的及时维护,避免了用水户因用不到水而实施拦河、修坝、建泵站等工程,在一定程度上减少了不必要的劳力和资金投入。

(6)实行"水量、水价、水费"三公开制度,提高水费收取率,减轻用水户水费负担。协会水务公开做到供水、计量、收费、开票到户,杜绝了乱加量、乱加价、乱收费现象,明确末端水价标准,减少水费收取环节,杜绝截留、挪用现象,水费的收取更加透明,水费收取率明显提高,同时切实减轻了用水户的水费负担。

(7)基层单位的工作得以减轻。建立协会前,灌区乡(镇)、村、组干部在灌溉期间,特别是干旱严重时,要组织"五长"(镇长、管理区长、村长、组长、户长)上堤守水,协调水事纠纷,但存在行政区域和水流单元的职能矛盾,用水调配往往事倍功半。现在有了农民用水户协会,乡、村干部只在关键时间到协会检查督促,平时基本不需他们过问,基层单位用于灌溉用水管理的工作量大大减少。这也是乡、村干部认可协会的重要原因。

第5章 农民用水户协会绩效综合评价指标权重的确定

第4章基于各个指标的多角度直观对比,对农民用水户协会的绩效进行了评价。实际上,无论在组建还是在运行过程中,某一协会可能在几个指标方面表现得优,而在另几个指标方面表现得劣,如果根据该协会19个指标的表现对其绩效优劣进行综合评价,仅仅依赖指标的直观对比是不够的。灌区农民用水户协会绩效综合评价是一个多指标综合评价问题,必须借助多指标综合评价模型及方法。对多指标综合评价问题,需根据各指标权重的大小,将多指标问题化为单一综合指标问题,然后根据单一综合指标进行排序或归类,因此指标权重的确定对评价结果至关重要。指标的权重是多个指标在评价过程中不同重要程度的反映。评价指标本身在决策中的作用、指标价值的可靠程度和决策者对于指标的重视程度将决定权重确定的合理程度。指标权重的决策,是指标相对重要程度的一种主观评价和客观反映的综合体现,权重的赋值合理与否将影响评价结果的合理性和有效性,故权重的赋值要做到科学合理、客观恰当。

5.1 指标权重的确定方法

确定指标权重的方法分主观赋权法和客观赋权法两大类(郭亚军,2008)。

主观赋权法是利用专家的知识、经验给出权重,主要考虑指标的经济或技术意义,侧重于指标的价值量,有一定的主观随意性。主观赋权法在指标较多时往往会导致对某一因素过高或者是过低的估计,同时,当采用主观赋权后,权重就基本确定下来,因此主观赋权法就有可能使评价不能够真实地反映评价对象客观存在的规律,同时对一些随机变动的对象也显得束手无策,不能予以客观的评价。

客观赋权法是根据各指标间的相关关系或变异程度来确定权重,通常单纯利用属性的客观信息,虽然具有较强的数学理论依据,但没有考虑到决策者的主观意愿,且有时得出的结果会与各属性的实际重要程度相反,难以给出明确的解释。

目前,对于指标权重确定的具体方法主要有:①专家咨询法;②Delphi法;③层次分析法;④熵值法;⑤变异系数法等。以上方法中,前三种方法为主观赋权法,后两种为客观赋权法。本书分别采用其中的层次分析法及熵值法进行农民用水户协会综合评价指标权重的确定。

5.2 基于层次分析法确定农民用水户协会绩效综合评价指标权重

在主观赋权法中选用层次分析法进行指标权重确定。层次分析法(Analytic Hierarchy Process,简称AHP)是将决策总层有关的元素分解成目标、准则、方案等层次,在此基础之上进行定性和定量分析的决策方法。该方法是对一些较为复杂、较为模糊的问题作出决策的简易方法,它特别适用于那些难于完全定量分析的问题。它是美国运筹学家 T. L. Saaty 教授于 20 世纪 70 年代初期提出的一种简便、灵活而又实用的多准则决策方法(T. L. Saaty,1980)。

运用层次分析法建模,大体上可按下面四个步骤进行:①建立递阶层次结构模型;②构造出各层次中的所有判断矩阵;③层次单排序及一致性检验;④层次总排序及一致性检验。

5.2.1 层次分析法确定指标权重的原理与计算步骤

层次分析法(赵焕臣等,1986;杜栋等,2005)是将复杂的系统分解为基本的构成因素,并按照因素间的相互支配和隶属关系分成不同的层次,依据问题要达到的目标,所采取的策略方案,存在的约束或准则等依次划分为目标层、准则层及指标层等,若某一层包含因素较多时,可划分为若干个子层次。这样就构成了一个完整的综合评价递阶层次结构。

通过因素之间的两两比较确定同一层次中每一因素的相对重要性,构造各层因素对上一层某因素的判断矩阵,求解矩阵的最大特征值及其对应的特征向量,从而表达出每一层次全部因素的相对重要性次序的权重值,即为层次因素的单排序,然后求出各层次元素的总排序,从而为选择最优方案提供决策依据。层次分析法确定权重的步骤如下。

5.2.1.1 建立递阶层次结构模型

根据对实际问题的了解和初步分析,把复杂的问题分解成称为元素的各组成部分,把这些元素按属性不同分成若干组,以形成不同层次。同一层次的元素作为准则,对下一层次的某些元素起支配作用,同时它又受上一层次元素的制约。这种从上到下的支配关系形成了一个递阶层次。处于最上边的层次称为目标层,通常只有一个元素,一般是分析问题的预定目标或者理想结果。中间的层次一般是准则、子准则,称为准则层。最低一层是方案层,其中排列了各种可能采取的方案和措施。这样就可以构造一个层次结构,见图 5-1。

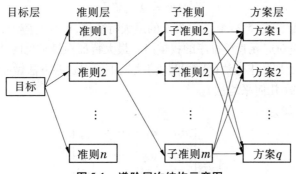

图 5-1 递阶层次结构示意图

5.2.1.2 建立两两比较判断矩阵

递阶层次建立以后,各层次之间的约束或隶属关系就被确定了。层次分析法通过两两相互比较的方法来推导出各层元素 x_i 之间的相对重要程度,并以此赋予 x_i 相应的权重。

通过 n 个元素对于准则 a 的影响,来确定其在准则 a 中所占的比重。每次选取两个元素 x_i、x_j 相互比较,用 a_{ij} 表示 x_i、x_j 关于准则 a 的相对重要程度之比,其比较结果用矩阵表示,构成比较判断矩阵 A。

$$A = \begin{bmatrix} a_{11} & a_{12} & \cdots & a_{1n} \\ a_{21} & a_{22} & \cdots & a_{2n} \\ \vdots & \vdots & & \vdots \\ a_{n1} & a_{n2} & \cdots & a_{nn} \end{bmatrix} \tag{5-1}$$

式中:a_{ij} 为 x_i、x_j 关于某评价目标的相对重要性程度之比的赋值:$a_{ii}=1$,$a_{ij}=1/a_{ji}$,赋值标准参考表 5-1(杜栋等,2000)。

表 5-1 "互反性"标度含义

等级	重要程度	标度方法			
		1~9 标度	9/9~9/1 标度	10/10~18/2 标度	指数标度
1	同等重要	1	9/9	10/10	a^0
3	稍微重要	3	9/7	12/8	a^2
5	明显重要	5	9/5	14/6	a^4
7	强烈重要	7	9/3	16/4	a^6
9	极端重要	9	9/1	18/2	a^8
通式		k	$9/(10-k)$	$(9+k)/(11-k)$	a^{k-1}
2,4,6,8	以上两个判断之间的中间状态对应的等级值				
倒数	若前者(f_i)与后者(f_j)的重要性之比为 a_{ij},则后者(f_j)与前者(f_i)重要性之比为 $a_{ji}=1/a_{ij}$				

5.2.1.3 层次单排序及一致性检验

1)层次单排序原理

所谓层次单排序,就是确定某一层次各因素对上一层次某因素的影响程度,并依此排出顺序。层次单排序的任务可以归结为计算判断矩阵的特征根和特征向量问题,即对于判断矩阵 A,计算满足

$$AW = \lambda_{\max} W \tag{5-2}$$

的特征根和特征向量。式(5-2)中,$\lambda_{\max}$ 为 A 的最大特征根,W 为对应于 $\lambda_{\max}$ 的正规化特征向量,W 的分量 w_i 就是对应元素单排序的权重值。最大特征根最常见的计算方法有乘积方根法(几何平均值法)及列和求逆法(代数平均值法),下面对这些方法做简要介绍。

(1)乘积方根法(几何平均法)。

设 m 阶判断矩阵为

$$A = \begin{bmatrix} a_{11} & a_{12} & \cdots & a_{1m} \\ a_{21} & a_{22} & \cdots & a_{2m} \\ \vdots & \vdots & & \vdots \\ a_{m1} & a_{m2} & \cdots & a_{mm} \end{bmatrix} \tag{5-3}$$

先按行将各元素连乘,然后开 m 次方,即可求得各行元素的几何平均值

$$b_i = \left(\prod_{j=1}^{m} a_{ij} \right)^{1/m} \quad (i = 1, 2, \cdots, m) \tag{5-4}$$

再把 $b_i(i=1,2,\cdots,m)$ 归一化,即求得指标 x_j 的权重系数

$$w_i = \frac{b_j}{\sum_{k=1}^{m} b_k} \quad (i = 1, 2, \cdots, m) \tag{5-5}$$

式中:w_i 为所求特征向量的第 i 个分量。

最大特征根为

$$\lambda_{max} = \frac{1}{m} \sum_{i=1}^{m} \frac{\sum_{j=1}^{m} a_{ij} w_j}{w_i} \tag{5-6}$$

式中:w_j 为 w_i 的转置向量。

(2)列和求逆法(代数平均值法)。

仍设判断矩阵为式(5-3),先将判断矩阵的第 j 列元素相加,并取

$$c_j = \frac{1}{\sum_{i=1}^{m} a_{ij}} \quad (j = 1, 2, \cdots, m) \tag{5-7}$$

再将 c_j 归一化,即得指标 x_j 的权重系数

$$w_j = \frac{c_j}{\sum_{k=1}^{m} c_k} \quad (j = 1, 2, \cdots, m) \tag{5-8}$$

最大特征根为

$$\lambda_{max} = \frac{1}{m} \sum_{i=1}^{m} \frac{\sum_{j=1}^{m} a_{ij} w_j}{w_i} \tag{5-9}$$

式中:w_i 为 w_j 的转置向量。

本书中最大特征根采用乘积方根法。

2)一致性检验

通常,由于客观事物本身的复杂性和人类认识事物上存在的多样性以及主观存在的片面性和不确定性,判断者就不可能给出 a_{ij} 的精确值,而只是一个估计判断值或者大概判断值。所以,判断矩阵就不能够具有一致性。为了确保应用层次分析法得到合理、正确的结论,就需要对所构建的判断矩阵进行一致性检验。

为了检验判断矩阵的一致性,通常需要计算它的一致性指标(C. I. ,Consistent Index)

$$C.I. = \frac{\lambda_{max} - n}{n - 1} \tag{5-10}$$

在式(5-10)中,当 $C.I. = 0$ 时,判断矩阵具有完全一致性;反之,$C.I.$ 愈大,则判断矩阵的一致性就愈差。

为了检验判断矩阵是否具有令人满意的一致性,则需要将 $C.I.$ 与平均随机一致性指标 $R.I.$(见表5-2)进行比较。一般而言,1 阶或 2 阶判断矩阵总是具有完全一致性的。对于 2 阶以上的判断矩阵,其一致性指标 $C.I.$ 与同阶的平均随机一致性指标 $R.I.$ 之比,称为判断矩阵的随机一致性比例,记为 $C.R.$。一般地,当

$$C.R. = \frac{C.I.}{R.I.} < 0.10 \tag{5-11}$$

时，我们就认为判断矩阵具有令人满意的一致性；否则，当 $C.R. \geq 0.1$ 时，就需要调整判断矩阵，直到满意为止，即具有满意的一致性。

表 5-2 平均随机一致性指标

阶数	1	2	3	4	5	6	7	8	9	10
$R.I.$	0	0	0.514 9	0.893 1	1.118 5	1.249 4	1.345 0	1.420 0	1.461 6	1.487 4

5.2.1.4 层次总排序一致性检验

利用同一层次中所有层次单排序的结果，就可以计算针对上一层次而言的本层次所有元素的重要性权重值，换句话说，就是同一层次所有因素对整个总目标相对重要性的排序权重值，这就称为层次总排序。它是层次分析法的最终目的。层次总排序需要从上到下逐层顺序进行。对于最高层，其层次单排序就是其总排序。

设上一层次（A 层）包含 $A_1, \cdots, A_m$ 共 m 个因素，它们的层次总排序权重分别为 $a_1, \cdots, a_m$。又设其后的下一层次（B 层）包含 n 个因素 $B_1, \cdots, B_n$，它们关于 A_j 的层次单排序权重分别为 $b_{1j}, \cdots, b_{nj}$（当 B_i 与 A_j 无关联时，$b_{ij}=0$）。现求 B 层中各因素关于总目标的权重，即求 B 层各因素的层次总排序权重 $b_1, \cdots, b_n$，并按表 5-3 所示方式进行计算，即

$$b_i = \sum_{j=1}^{m} b_{ij} a_j \quad (i = 1, \cdots, n) \tag{5-12}$$

表 5-3 层次总排序

B 层	A 层					B 层总排序权值
	A_1	A_2	$\cdots$	A_m		
	α_1	α_2	$\cdots$	α_m		
B_1	b_{11}	b_{12}	$\cdots$	b_{1m}		$\sum_{j=1}^{m} b_{1j} a_j$
B_2	b_{21}	b_{22}	$\cdots$	b_{2m}		$\sum_{j=1}^{m} b_{2j} a_j$
$\vdots$	$\vdots$	$\vdots$		$\vdots$		$\vdots$
B_n	b_{n1}	b_{n2}	$\cdots$	b_{nm}		$\sum_{j=1}^{m} b_{nj} a_j$

对层次总排序也需作一致性检验，检验仍像层次单排序那样由高层到低层逐层进行。这是因为虽然各层次均已经过层次单排序的一致性检验，各层比较判断矩阵都已具有较为满意的一致性。但当综合考察时，各层次的非一致性仍有可能积累起来，引起最终分析结果较严重的非一致性。

设 B 层中与 A_j 相关因素的比较判断矩阵在单排序中经一致性检验，求得单排序一致性指标为 $C.I.(j)$，$(j=1, \cdots, m)$，相应的平均随机一致性指标为 $R.I.(j)$（$C.I.(j)$、$R.I.(j)$ 已在层次单排序时求得），则 B 层总排序随机一致性比例为

$$C.R. = \frac{\sum_{j=1}^{m} C.I.(j) a_j}{\sum_{j=1}^{m} R.I.(j) a_j} \tag{5-13}$$

当 $C.R. < 0.1$ 时,认为层次总排序结果具有较满意的一致性并接受该分析结果。

5.2.2 层次分析法确定漳河灌区农民用水户协会绩效综合评价指标权重

5.2.2.1 建立递阶层次结构

根据递阶层次结构原理,参考漳河灌区农民用水户协会运行状况的综合评价指标体系,并参考协会指标性能横向、纵向比较分析中所用到的评价指标,确定各指标的权重,对农民用水户协会绩效状况进行综合评价。所建立的评价指标体系必须依据数据是否可获得的原理来确定,所建立的评价指标体系结构如图5-2所示。本评价指标体系共分三层,目标层为农民用水户协会绩效综合评价结果,准则层为协会组织建设方面指标、协会工程状况及维护方面指标、协会用水管理方面指标、协会经济效益方面指标等4方面指标,指标层则为19个具体的评价指标。

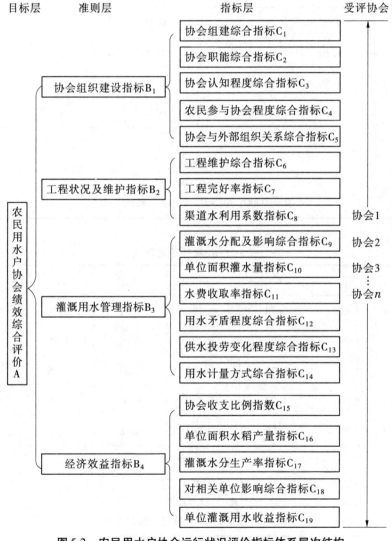

图 5-2 农民用水户协会运行状况评价指标体系层次结构

5.2.2.2 构造判断矩阵

人们通常采用 1 ~ 9 标度,这种标度简便易用,符合人们进行判断时的心理习惯,可用于对各对比因素的排序计算。但其在定量人们的判断时不很准确,合理性较差,不宜用于需要较精确的权值计算问题。然而,9/9 ~ 9/1 标度、10/10 ~ 18/2 标度及指数标度法用于权值计算时,则大大改善了标度的性能。

这里采用 9/9 ~ 9/1 标度法,建立各对应准则下的判断矩阵,见表5-4 ~ 表5-9。

5.2.2.3 层次单排序及一致性检验

本文采用乘积方根法,即根据式(5-3) ~ 式(5-6)求出单一准则下各项指标的权重,然后根据式(5-10)及式(5-13)进行一致性检验,结果见表5-4 ~ 表5-9。

表 5-4 B 层判断矩阵

B	B_1	B_2	B_3	B_4	w
B_1	1.00	0.56	0.56	0.56	0.155 6
B_2	1.80	1.00	1.29	1.29	0.317 5
B_3	1.80	0.78	1.00	1.29	0.280 0
B_4	1.80	0.78	0.78	1.00	0.246 9

$$\lambda_{max} = 4.02$$

$$C.I. = 0.005\ 27$$

$$R.I. = 0.893\ 1$$

$$C.R. = 0.005\ 901 < 0.1,满足一致性条件$$

表 5-5 B_1 层判断矩阵

B_1	C_1	C_2	C_3	C_4	C_5	w
C_1	1.00	0.78	0.78	0.11	0.56	0.095 0
C_2	1.29	1.00	1.29	0.78	1.29	0.202 7
C_3	1.29	0.78	1.00	0.56	1.29	0.171 4
C_4	9.00	1.29	1.80	1.00	1.29	0.353 7
C_5	1.80	0.78	0.78	0.78	1.00	0.177 3

$$\lambda_{max} = 5.324$$

$$C.I. = 0.081\ 084$$

$$R.I. = 1.118\ 5$$

$$C.R. = 0.072\ 493 < 0.1\ 满足一致性条件$$

表 5-6　B_2 层判断矩阵

B_2	C_6	C_7	C_8	w
C_6	1.00	1.80	0.56	0.316 9
C_7	0.56	1.00	0.56	0.214 2
C_8	1.80	1.80	1.00	0.468 9

$$\lambda_{max} = 1.012\ 837$$

$$C.\ I.\ = -0.993\ 581$$

$$R.\ I.\ = 0.514\ 9$$

$$C.\ R.\ = -1.929\ 659 < 0.1, 满足一致性条件$$

表 5-7　B_3 层判断矩阵

B_3	C_9	C_{10}	C_{11}	C_{12}	C_{13}	C_{14}	w
C_9	1.00	1.00	1.29	1.80	1.80	1.29	0.212 8
C_{10}	1.00	1.00	1.29	1.80	1.80	1.00	0.204 1
C_{11}	0.78	0.78	1.00	1.29	1.80	0.78	0.163 2
C_{12}	0.56	0.56	0.78	1.00	1.29	0.56	0.119 9
C_{13}	0.56	0.56	0.56	0.78	1.00	0.56	0.104 3
C_{14}	0.78	1.00	1.29	1.80	1.80	1.00	0.195 7

$$\lambda_{max} = 1.002\ 984$$

$$C.\ I.\ = -0.999\ 41$$

$$R.\ I.\ = 1.249\ 4$$

$$C.\ R.\ = -0.799\ 91 < 0.1, 满足一致性条件$$

表 5-8　B_4 层判断矩阵

B_4	C_{15}	C_{16}	C_{17}	C_{18}	C_{19}	w
C_{15}	1.00	0.78	0.56	1.80	0.78	0.174 6
C_{16}	1.29	1.00	0.78	1.80	0.78	0.206 5
C_{17}	1.80	1.29	1.00	1.80	1.29	0.270 0
C_{18}	0.56	0.56	0.56	1.00	0.56	0.120 6
C_{19}	1.29	1.29	0.78	1.80	1.00	0.228 3

$$\lambda_{max} = 1.006\ 081$$

$$C.\ I.\ = -0.998\ 48$$

$$R.\ I.\ = 1.249\ 4$$

$$C.\ R.\ = -0.799\ 17 < 0.1, 满足一致性条件$$

5.2.2.4 层次总排序及一致性检验

根据式(5-12)求出各指标对总评价目标的权重,然后根据式(5-13)进行一致性检验,结果见表5-9。

表5-9 层次总排序及其一致性

B	B_1	B_2	B_3	B_4	总权重
	0.155 6	0.317 5	0.280 0	0.246 9	
C_1	0.095 0				0.014 772 3
C_2	0.202 7				0.031 525 8
C_3	0.171 4				0.026 655 2
C_4	0.353 7				0.055 026 1
C_5	0.177 3				0.027 578 8
C_6		0.316 9			0.100 615 7
C_7		0.214 2			0.067 996 1
C_8		0.468 9			0.148 883 8
C_9			0.212 8		0.059 589 6
C_{10}			0.204 1		0.057 145 2
C_{11}			0.163 2		0.045 694 3
C_{12}			0.119 9		0.033 578 6
C_{13}			0.104 3		0.029 196 2
C_{14}			0.195 7		0.054 801 1
C_{15}				0.174 6	0.043 109 5
C_{16}				0.206 5	0.050 986 6
C_{17}				0.270 0	0.066 680 3
C_{18}				0.120 6	0.029 786
C_{19}				0.228 3	0.056 378 6
$C.I.$	0.081 084	$-0.993\ 581$	$-0.999\ 41$	$-0.998\ 48$	
$R.I.$	1.118 5	0.514 9	1.249 4	1.249 4	

$$C.I. = -0.829\ 12$$
$$R.I. = 0.960\ 774$$
$$C.R. = -0.862\ 97 < 0.1,满足一致性条件$$

5.3 基于熵值法确定农民用水户协会绩效综合评价指标权重

5.3.1 熵值法原理与计算步骤

熵值法(Entropy Method)是一种根据各项指标观测值所提供的信息量的大小来确定指标权重的方法(朱秀珍等,2004;张卫民,2004)。在指标数据矩阵 X 中,某项指标值差异程度越大,信息熵越小,则该指标的权重越大;反之,某项指标值的差异程度越小,信息熵越大,则该指标的权重越小。所以,可以根据各项指标的差异程度,利用信息熵,对各指标初步给定的权重进行调整,做到动态赋权。

设 $X = (x_{ij})_{n \times m}$ 为用水户协会评价指标矩阵,其中,x_{ij} 为第 i 个协会中第 j 项指标值,n 为参与评价的协会总数,m 为评价指标总数。

利用熵值法确定评价指标权重的基本步骤如下:

(1)计算第 j 项指标下,第 i 个协会的特征比重为

$$p_{ij} = \frac{x_{ij}}{\sum_{i=1}^{n} x_{ij}} \tag{5-14}$$

式中:x_{ij} 为第 i 个协会第 j 项指标值,p_{ij} 为第 i 个协会第 j 项指标的特征比重。

对于越大越优型指标,指标值 x_{ij} 直接带入式(5-14)计算;对于越小越优型指标,则先取指标值 x_{ij} 的倒数,再代入式(5-14)计算。

(2)计算第 j 项指标的熵值。

$$e_j = -k \sum_{i=1}^{n} p_{ij} \ln p_{ij} \tag{5-15}$$

其中 $k > 0$,$e_j > 0$。如果 x_{ij} 对于给定的 j 全部相等,那么 $p_{ij} = \frac{1}{n}$,此时 $e_j = k \ln n$。

(3)计算指标 x_j 的差异系数。

对于给定的 j,x_{ij} 的差异越小,则 e_j 越大,当 x_{ij} 全部相等时,$e_j = e_{max} = 1 \left(k = \frac{1}{\ln n} \right)$,此时对于系统间的比较,指标 x_j 毫无作用;当 x_{ij} 的差异越大,e_j 越小,指标对于系统的比较作用越大。因此,定义差异系数 $g_j = 1 - e_j$,g_j 越大,越应该重视该指标的作用。

(4)确定权重系数。

$$w_j = \frac{g_j}{\sum_{j=1}^{m} g_j} \quad (j = 1, 2, \cdots, m) \tag{5-16}$$

5.3.2 熵值法确定漳河灌区农民用水户协会绩效综合评价指标权重

调查的 55 个协会中有 13 个协会资料的获取不是很理想,所以选取资料齐全的 42 个农民用水户协会作为评价对象。灌区各农民用水户协会评价指标值见第 4 章表 4-4。

根据表 4-4 中 42 个协会的指标值,按式(5-14)~式(5-16)的步骤计算的相应各指标

的权重见表5-10。

表 5-10　熵值法确定的评价指标权重值

指标及代号	协会组建综合指标 C_1	协会职能综合指标 C_2	协会认知程度综合指标 C_3	农户参与协会程度综合指标 C_4	协会与外部组织关系综合指标 C_5	工程维护综合指标 C_6	工程完好率指标 C_7	渠道水利用系数指标 C_8	灌溉水分配及影响综合指标 C_9	单位面积灌水量指标 C_{10}
差异系数 g_j	0.970 9	0.996 8	0.986 4	0.981 3	0.973 9	0.975 3	0.986 7	0.991 4	0.987 3	0.985 9
指标权重 w_j	0.052 8	0.053 5	0.053 2	0.053 1	0.052 9	0.052 9	0.053 2	0.053 4	0.053 3	0.053 2

指标及代号	水费收取率指标 C_{11}	用水矛盾程度综合指标 C_{12}	供水投劳变化程度综合指标 C_{13}	用水计量方式综合指标 C_{14}	协会收支比例指标 C_{15}	单位面积水稻产量指标 C_{16}	灌溉水分生产率指标 C_{17}	对相关单位影响综合指标 C_{18}	单位灌溉用水收益指标 C_{19}
差异系数 g_j	0.998 6	0.990 2	0.985 5	0.997 1	0.739 8	0.996 9	0.980 7	0.953 0	0.836 8
指标权重 w_j	0.053 6	0.053 3	0.053 2	0.053 5	0.046 6	0.053 5	0.053 1	0.052 3	0.049 2

5.4　指标综合权重确定

运用层次分析法确定指标权重的优点:思路简单明了,不需要样本数据,专家仅凭对评价指标内涵与外延的理解即可作出判断,可以紧密地与专家的主观判断和推理联系起来,使专家对复杂问题的决策思维过程系统化、模型化、数字化,从而可以有效地避免专家在结构复杂和方案较多时出现逻辑推理上的失误。但这种方法的缺点就是存在主观性,在一定程度上可能会降低可信度。熵值法由于客观地反映了指标信息熵的效用价值,其确定的指标权重相对来讲有较高的可信度,但是缺乏指标间的横向比较。另外,层次分析法确定指标权重与实际调查样本信息无关,即只要专家没变,指标权重一旦确定就不会随样本的变化而变化。熵值法确定的指标权重基于样本的信息进行计算,其值随样本的变化而变化。

由表5-11两种方法得到的权重比较可知:层次分析法得到的主观权重在渠道水利用系数最大,工程维护综合指标次之,且该两指标比熵值法得到的客观权重大很多。另外,农户参与协会程度综合指标、工程完好率指标、灌溉水分配及影响综合指标、单位面积灌水量指标、用水计量方式综合指标、单位面积水稻产量指标、灌溉水分生产率指标、单位灌溉用水收益指标等都大于0.05(主要为工程状况及维护、灌溉用水及效益类指标)。这表明参与评分的专家根据经验以及主观上的认识,认为协会有良好的工程状况及维护,能够节约灌溉用水、提高粮食产量和灌溉用水效率及效益等对协会绩效评价有较大的影响,而在组建综合指标、协会认知程度综合指标、协会外部组织关系综合指标、供水投劳变化程度综合指标、对相关单位影响综合指标等方面(主要为协会组建类指标)对协会绩效贡献不大。

熵值法确定的指标权重在各指标之间差异不大,处于0.046 6 至 0.053 6 之间,原因是没有任何一个指标在各协会之间表现得都很优或很劣,即各指标在42个协会样本之间的分布规律比较相似。

实际上,无论是主观赋权法还是客观赋权法,均存在着一定的不足。为避免单一方法的缺陷,常将主、客观两种方法获得的指标权重有机结合起来,采用综合指标权重。根据层次分析法和熵值法分别确定的权重,采用加权求和的方法进行综合,从而得到系统评价指标的综合权重,即

$$w_j = \alpha w_{1j} + (1 - \alpha)w_{2j} \quad (j = 1,2,\cdots,m; 0 \leq \alpha \leq 1) \tag{5-17}$$

式中: w_{1j} 为第 j 项评价指标采用层次分析法得到的指标权重; w_{2j} 为采用熵值法得到的评价指标的权重。取不同的 α 值即可得到相应的综合指标权重,当 $\alpha = 1$ 和 $\alpha = 0$ 时分别为层次分析法和信息熵法的特殊情况。

现取 $\alpha = 0.5$,把层次分析法和信息熵法所确定的指标权重代入式(5-17)即可得到各评价指标的综合权重,结果见表5-11。

表5-11　综合指标权重

权重确定方法	协会组建综合指标	协会职能综合指标	协会认知程度综合指标	农户参与协会程度综合指标	协会与外部组织关系综合指标	工程维护综合指标	工程完好率指标	渠道水利用系数指标	灌溉水分配及影响综合指标	单位面积灌水量指标
层次分析法	0.014 8	0.031 5	0.026 7	0.055 0	0.027 6	0.100 6	0.068 0	0.148 9	0.059 6	0.057 1
熵值法	0.052 8	0.053 5	0.053 2	0.053 1	0.052 9	0.052 9	0.053 2	0.053 4	0.053 3	0.053 2
综合权重	0.033 8	0.042 5	0.039 9	0.054 1	0.040 2	0.076 8	0.060 6	0.101 1	0.056 4	0.055 2

权重确定方法	水费收取率指标	用水矛盾程度综合指标	供水投劳变化程度综合指标	用水计量方式综合指标	协会收支比例指标	单位面积水稻产量指标	灌溉水分生产率指标	对相关单位影响综合指标	单位灌溉用水收益指标
层次分析法	0.045 7	0.033 6	0.029 2	0.054 8	0.043 1	0.051 0	0.066 7	0.029 8	0.056 4
熵值法	0.053 6	0.053 3	0.053 2	0.053 5	0.046 6	0.053 5	0.053 1	0.052 3	0.049 2
综合权重	0.049 6	0.043 5	0.041 2	0.054 2	0.044 9	0.052 3	0.059 9	0.041 1	0.052 8

由于熵值法确定的指标权重差异不大,当采用线性加权后,综合权重大小在不同指标之间的分布规律与层次分析法相似,即最大的为渠道水利用系数指标,第二为工程维护综合指标,最小的为对相关单位影响综合指标。

第6章 基于灰色关联法的农民用水户协会绩效综合评价

6.1 基于灰色关联法的综合评价原理与方法

6.1.1 灰色关联法综合评价原理

所谓灰色关联方法,是根据系统各因素间或各系统行为间的数据列或者指标列的发展态势与行为作相似或者相异程度的比较,以判断因素的关联与行为的接近(郭亚军, 2002;傅立,1992;邓聚龙,1992)。关联分析的基本共识是关联系数公式,其定义如下:

设参考时间序列和比较时间序列分别为

$$X_0 = \{x_0(t_1), x_0(t_2), \cdots, x_0(t_n)\} \tag{6-1}$$

$$X_j = \{x_j(t_1), x_j(t_2), \cdots, x_j(t_n)\} \tag{6-2}$$

则 X_0 与 X_j 在 t_k 时刻的关联系数可表示为

$$x_{0j}(t_k) = \frac{\Delta_{\min} + \rho\Delta_{\max}}{\Delta_{0j}(t_k) + \rho\Delta_{\max}} \tag{6-3}$$

式中:ρ 为分辨系数,$\rho \in [0,1]$,一般取 ρ 为 0.5。

$$\begin{cases} \Delta_{\min} = \min_j \min_k |x_0(t_k) - x_j(t_k)| \\ \Delta_{\max} = \max_j \max_k |x_0(t_k) - x_j(t_k)| \quad (k = 1,2,\cdots,n; j = 1,2,\cdots,m) \\ \Delta_{0j}(t_k) = |x_0(t_k) - x_j(t_k)| \end{cases} \tag{6-4}$$

关联系数是一个实数,它表示各时刻数据间的关联程度。它的时间平均值为

$$\gamma_{0j} = \frac{1}{n}\sum_{k=1}^{n} x_{0j}(t_k) \tag{6-5}$$

称为 X_0 与 X_j 的关联度。通过关联度比较来对评价对象排序并进行分类评价。

上述的关联分析具有以下特点:①不追求大样本;②不要求数据具有特殊的分布,无论 X_0 与 X_j 的数据怎样随 t_k 改变,都可以计算;③只需做四则运算,计算量比回归分析小得多;④可以得到较多的信息,比如关联序、关联矩阵等;⑤这些分析是以趋势分析为原理,即以定性分析为前提,因此不会出现与定性分析结果不一致的量化关系。

6.1.2 农民用水户协会绩效灰色关联评价模型

在农民用水户协会运行状况综合评价中,协会的总体性能是通过诸多评价指标综合反映的。因此,协会总体性能与评价因子之间存在一定的关联关系(王建鹏等,2009)。

6.1.2.1 关联样本矩阵的建立

设有 n 个待评价的灌区农民用水户协会,共有 m 个评价指标,每个协会的所有评价

指标值用向量表示,记为 $x_i = (x_{i1}, x_{i2}, \cdots, x_{im})$, $i = 1, 2, \cdots, n$,从而得到原始评价矩阵 $X = (x_{ij})_{n \times m}$,即

$$X_{n \times m} = \begin{pmatrix} x_{11} & x_{12} & \cdots & x_{1m} \\ x_{21} & x_{22} & \cdots & x_{2m} \\ \vdots & \vdots & & \vdots \\ x_{n1} & x_{n2} & \cdots & x_{nm} \end{pmatrix} = (x_{ij})_{n \times m} \tag{6-6}$$

式中:x_{ij} 为第 i 个农民用水户协会第 j 个指标的观测值,$i = 1, 2, \cdots, n; j = 1, 2, \cdots, m$。

6.1.2.2 评价指标标准矩阵的建立

设农民用水户协会运行状况按 c 个级别进行识别,c 个级别的指标标准特征值矩阵为

$$S_{c \times m} = \begin{pmatrix} S_{11} & S_{12} & \cdots & S_{1m} \\ S_{21} & S_{22} & \cdots & S_{2m} \\ \vdots & \vdots & & \vdots \\ S_{h1} & S_{h2} & \cdots & S_{hm} \end{pmatrix} = (S_{hj})_{c \times m} \tag{6-7}$$

式中:S_{hj} 为第 j 个指标第 h 级别的标准值,$h = 1, 2, \cdots, c; j = 1, 2, \cdots, m$。

6.1.2.3 矩阵元素规格化

在农民用水户协会运行状况评价中,为了消除评价指标物理量量纲带来的不利影响,在评价之前就需要将样本矩阵和标准矩阵中各评价元素进行规格化。在评价中,设 1 级为农民用水户协会运行状况很好,c 级为农民用水户协会运行状况很差,这两种状况的相对隶属分别规定为 1 和 0。第 2 级到 $c-1$ 级为农民用水户协会运行状况很好与很差两个极点间的中间状态。协会评价指标值与指标评价标准值对协会运行状况的相对隶属度分别按线性内插式确定。

(1)对于指标数值越大指标性能越好的指标,如收入支出比、灌溉水分生产率、渠道水利用系数等,可按下列形式分别变换 X、S 矩阵

$$a_{ij} = \begin{cases} 1 & (x_{ij} \geqslant S_{1j}) \\ \dfrac{x_{ij} - S_{cj}}{S_{1j} - S_{cj}} & (S_{1j} > x_{ij} > S_{cj}) \\ 0 & (x_{ij} \leqslant S_{cj}) \end{cases} \tag{6-8}$$

$$b_{hj} = \frac{S_{hj} - S_{cj}}{S_{1j} - S_{cj}} \tag{6-9}$$

(2)对于指标数值越小指标性能越好的指标,如单位面积灌溉水量,可按下列形式分别变换 X、S 矩阵

$$a_{ij} = \begin{cases} 1 & (x_{ij} \leqslant S_{1j}) \\ \dfrac{S_{cj} - x_{ij}}{S_{cj} - S_{1j}} & (S_{1j} < x_{ij} < S_{cj}) \\ 0 & (x_{ij} \geqslant S_{cj}) \end{cases} \tag{6-10}$$

$$b_{hj} = \frac{S_{cj} - S_{hj}}{S_{cj} - S_{1j}} \tag{6-11}$$

式(6-8)~式(6-11)中:a_{ij}为样本点指标值规格化的结果;b_{hj}为指标标准规格化的结果。

样本矩阵$X_{n\times m}$、标准矩阵$S_{c\times m}$规格化后分别记为:$A_{n\times m} = (a_{ij})_{n\times m}$,$B_{c\times m} = (b_{hj})_{c\times m}$ $(i = 1,2,\cdots,n;j = 1,2,\cdots,m;h = 1,2,\cdots,c)$。

6.1.2.4 关联离散函数的建立

将第i个被评价农民用水户协会指标向量$a_i = (a_{i1},a_{i2},\cdots,a_{im})$取为参考序列,即为母序列。对固定的$i$,将指标分级标准向量$b_h = (b_{h1},b_{h2},\cdots,b_{hm})$分别组成被比较序列,即子序列,进行关联分析计算。记a_i与b_h第j个指标的绝对差为$\Delta_h(j) = |a_{ij} - b_{hj}|$,$a_i$与$b_h$第$j$个指标的关联程度可用关联离散函数$\psi_j(a_i,b_h)$表示,即

$$\psi_j(a_i,b_h) = \frac{1 - \Delta_h(j)}{1 + \Delta_h(j)} \tag{6-12}$$

6.1.2.5 关联度的计算

第i个协会与第h级标准之间的相似程度可用关联度$\gamma_{ih}(a_i,b_h)$表示,即

$$\gamma_{ih}(a_i,b_h) = \sum_{j=1}^{m} w_j\psi_j(a_i,b_h) \tag{6-13}$$

式中:w_j为第j个指标的权重。

6.2 基于灰色关联法的漳河灌区农民用水户协会绩效综合评价

6.2.1 样本矩阵建立

本次研究共调查了漳河灌区 55 个农民用水户协会的相关资料,其中可进行全部 19 个评价指标计算的协会 13 个,有 13 个协会资料缺失较大,其余 29 个协会只有部分指标缺失(具体缺失数据见第 4 章表 4-4)。采用综合评价模型进行评价时,为满足各协会 19 个指标均有的要求,对部分指标缺失的 29 个协会中缺失的指标采用已有协会资料的平均值代替,这样最后综合评价时针对 42 个协会进行,这 42 个协会在第 4 章表 4-4 中排在前 42 位。采用平均值代替的协会及其相关指标包括:三干渠三分干协会的协会认知程度综合指标用平均值 0.55 代替;川店镇协会、五分支协会、纪山协会、勤俭协会、鸦铺协会、周湾协会的工程完好率指标用平均值 63.7% 代替;脚东协会、九龙协会的渠道水利用系数用平均值 0.672 代替;兴隆协会的单位面积灌溉水量指标用平均值 450 m³/亩代替;鸦铺协会的用水矛盾程度综合指标用平均值 0.80 代替;总干渠一支渠协会的供水投劳变化程度综合指标用平均值 0.61 代替;二干渠二支渠协会、许岗协会、老二干协会、官湾协会、吕岗协会的收支比例指标用 100% 代替;洪庙协会、绿林山协会、总干渠二支渠协会、总干渠二分渠协会、五分支协会的单位面积水稻产量指标用平均值 548 kg/亩代替;灌溉水分生产率指标受到单位面积灌水量指标和单位面积水稻产量指标的影响;二干渠二支渠协会、五分支协会的对相关单位影响综合指标用平均值 0.68 代替;总干渠二分渠协会、胜利协会、二干渠一分干协会、纪山协会、四支渠协会、大房湾协会、董岗协会、仓库协会、五一协会、伍架协会、子陵协会的单位灌溉水收益指标用平均值 0.07 元/m³ 代替。

因此,在用综合评价模型进行评价时,选取 42 个农民用水户协会作为评价对象。在 19 个评价指标中,除单位面积灌溉用水量是越小越优型指标外,其他指标在经过计算处理后均为越大越优型。42 个灌区农民用水户协会评价指标观测值见第 4 章表 4-4。所以,评价指标矩阵为 $X = (x_{ij})_{42 \times 19}$。

6.2.2 评价指标标准矩阵建立

依据建立的评价指标标准,把各评价指标分为"优"、"良"、"中"、"差"、"劣"5 个等级,指标各等级标准值见表 6-1。

表 6-1 用水户协会评价指标各等级标准值

指标	单位	优（Ⅰ）	良（Ⅱ）	中（Ⅲ）	差（Ⅳ）	劣（Ⅴ）
协会组建综合指标		≥0.9	0.9～0.75	0.75～0.6	0.6～0.45	≤0.45
协会职能综合指标		≥0.9	0.9～0.75	0.75～0.6	0.6～0.45	≤0.45
协会认知程度综合指标		≥0.9	0.9～0.75	0.75～0.6	0.6～0.45	≤0.45
农户参与协会程度综合指标		≥0.9	0.9～0.75	0.75～0.6	0.6～0.45	≤0.45
协会与外部组织关系综合指标		≥0.9	0.9～0.75	0.75～0.6	0.6～0.45	≤0.45
工程维护综合指标		≥0.9	0.9～0.75	0.75～0.6	0.6～0.45	≤0.45
工程完好率指标	%	≥75	75～60	60～45	45～30	≤30
渠道水利用系数指标		≥0.75	0.75～0.6	0.6～0.45	0.45～0.3	≤0.3
灌溉水分配及影响综合指标		≥0.9	0.9～0.75	0.75～0.6	0.6～0.45	≤0.45
单位面积灌水量指标	m³/亩	≤300	300～350	350～400	400～450	≥450
水费收取率指标	%	≥95	95～80	80～65	65～50	≤50
用水矛盾程度综合指标		≥0.9	0.9～0.75	0.75～0.6	0.6～0.45	≤0.45
供水投劳变化程度综合指标		≥0.9	0.9～0.75	0.75～0.6	0.6～0.45	≤0.45
用水计量方式综合指标		≥0.9	0.9～0.75	0.75～0.6	0.6～0.45	≤0.45
协会收支比例指标	%	≥100	100～80	80～60	60～40	≤40
单位面积水稻产量指标	kg/亩	≥600	600～550	550～500	500～450	≤450
灌溉水分生产率指标	kg/m³	≥2.5	2.5～2.0	2.0～1.5	1.5～1.0	≤1.0
对相关单位影响综合指标		≥0.9	0.9～0.75	0.75～0.6	0.6～0.45	≤0.45
单位灌溉用水收益指标	元/m³	≥0.07	0.07～0.06	0.06～0.05	0.05～0.04	≤0.04

6.2.3 矩阵元素规格化

6.2.3.1 农民用水户协会评价指标值规格化

根据评价指标各等级标准值及式（6-8）和式（6-10）,建立各指标值规格化公式（式（6-14）～式（6-32））,得到农民用水户协会各指标规格化值,见表 6-2。

表 6-2 漳河灌区农民用水户协会各指标元素规格化值

协会名称	协会组建综合指标 C_1	协会职能综合指标 C_2	协会认知程度综合指标 C_3	农户参与协会与协会外部组织关系综合指标 C_4	工程维护综合指标 C_5	工程完好率综合指标 C_6	渠道水利用系数指标 C_7	灌溉水分配及影响综合指标 C_8	单位面积灌溉水量指标 C_9	水费收取率指标 C_{10}	用水矛盾程度综合指标 C_{11}	供水劳变化程度综合指标 C_{12}	用水计量方式综合指标 C_{13}	社会收支比例指标 C_{14}	单位面积产量指标 C_{15}	灌溉水分生产率指标 C_{16}	单位面积产值指标 C_{17}	对相关单位影响综合指标 C_{18}	单位灌溉用水收益指标 C_{19}
马山协会	0.00	0.98	0.96	0.00	0.00	0.06	0.44	1.00	0.49	1.00	0.89	1.00	1.00	0.36	1.00	1.00	0.89	0.52	0.79
靳巷协会	0.96	0.87	0.58	0.29	0.00	0.04	0.67	0.89	0.59	0.00	1.00	0.38	0.00	0.53	1.00	1.00	0.30	0.00	0.18
仓库协会	1.00	0.87	0.39	0.19	0.00	1.00	1.00	1.00	0.50	0.33	1.00	1.00	1.00	1.00	1.00	0.33	0.17	1.00	1.00
许山协会	0.96	0.98	0.33	0.67	0.00	0.00	0.67	0.22	0.59	0.33	1.00	0.60	0.11	0.73	1.00	0.33	0.17	1.00	0.33
周坪协会	1.00	0.60	0.34	0.00	0.00	0.00	0.22	0.44	0.50	1.00	1.00	0.80	0.72	0.87	1.00	0.33	1.00	0.52	0.00
勤俭协会	0.80	0.18	0.00	0.00	0.00	0.00	0.75	0.00	0.83	0.33	1.00	1.00	0.06	1.00	1.00	0.67	0.00	0.52	0.67
官湾协会	0.00	0.87	0.00	0.00	0.00	0.00	1.00	1.00	0.00	0.33	1.00	0.80	0.11	0.38	1.00	0.83	0.29	0.00	0.00
鸡庙协会	0.80	0.18	0.00	0.00	0.00	0.00	0.75	0.67	0.83	0.67	1.00	0.76	0.39	0.38	1.00	0.33	0.17	0.52	0.51
吕岗协会	1.00	0.98	0.30	0.00	0.00	0.00	1.00	1.00	0.47	0.67	1.00	0.04	0.88	1.00	1.00	0.33	0.29	1.00	0.00
周湾协会	0.49	0.87	0.81	0.78	0.00	0.00	0.75	0.83	0.00	0.53	0.78	1.00	0.72	0.73	1.00	0.67	0.38	0.00	0.22
九龙协会	0.11	0.58	0.88	0.00	0.00	0.00	1.00	1.00	0.63	0.00	1.00	1.00	0.11	0.69	0.87	1.00	0.41	0.52	0.67
洪庙协会	1.00	0.98	0.09	0.00	0.00	0.00	0.89	1.00	0.02	0.63	1.00	1.00	0.57	0.73	1.00	0.65	0.09	0.00	0.33
贺集协会	1.00	0.18	0.83	0.95	0.08	0.62	1.00	1.00	0.31	0.00	0.44	0.47	0.23	0.33	0.95	0.83	0.08	0.52	0.83
五一协会	0.33	0.60	0.37	0.36	0.40	0.00	1.00	0.44	0.00	0.00	0.96	0.04	0.84	1.00	1.00	0.83	0.10	1.00	1.00
雷坪协会	1.00	0.60	0.00	0.00	0.00	0.00	0.78	1.00	0.48	0.00	1.00	0.04	0.72	0.80	1.00	0.67	0.07	1.00	0.00
英岩协会	0.33	0.87	0.72	0.56	0.00	0.04	0.44	0.56	0.52	0.67	1.00	0.80	0.88	0.42	0.00	0.67	0.67	0.33	0.33
伍架协会	0.76	0.98	0.72	1.00	0.04	0.00	1.00	0.89	0.05	1.00	1.00	0.04	0.11	1.00	1.00	1.00	0.48	1.00	1.00
长兴协会	0.76	0.87	0.81	0.77	0.00	0.00	0.67	0.67	0.59	1.00	1.00	0.04	0.11	0.69	1.00	1.00	1.00	0.00	0.00
于陵协会	0.80	0.40	0.90	0.00	0.00	0.39	1.00	1.00	0.54	1.00	1.00	1.00	0.06	0.36	0.70	0.67	1.00	0.00	1.00
永圣协会	0.76	0.60	0.85	0.89	0.08	0.00	0.67	1.00	0.52	1.00	1.00	0.80	0.41	1.00	1.00	1.17	0.72	1.00	1.00
总干渠二支渠协会	0.76	0.98	0.53	0.31	0.00	0.04	0.00	1.00	0.52	0.53	0.78	1.00	0.60	0.73	1.00	0.65	0.40	0.00	0.00

续表 6-2

协会名称	协会组织建设综合指标 C_1	协会职能综合指标 C_2	协会认知程度综合指标 C_3	农户参与协会程度综合指标 C_4	协会与外部组织关系综合指标 C_5	工程维护综合指标 C_6	工程完好率指标 C_7	渠道水利用系数指标 C_8	灌溉水分配及影响综合指标 C_9	单位面积灌水量指标 C_{10}	水费收取率指标 C_{11}	用水矛盾程度综合指标 C_{12}	供水投劳变化程度综合指标 C_{13}	用水计量方式综合指标 C_{14}	协会收支比例指标 C_{15}	单位面积水稻产量指标 C_{16}	灌溉水分生产率指标 C_{17}	对相关单位影响综合指标 C_{18}	单位灌溉用水收益指标 C_{19}
总干渠一支渠协会	1.00	1.00	0.56	1.00	0.00	0.00	1.00	0.89	1.00	0.00	0.78	0.80	0.37	1.00	0.78	1.00	0.22	1.00	1.00
总干渠二分渠协会	0.80	0.18	0.40	0.22	0.00	0.00	0.44	0.82	1.00	0.53	0.82	0.80	0.13	0.73	1.00	0.65	0.40	0.00	1.00
脚东协会	0.76	0.87	0.36	0.06	0.00	0.00	0.11	0.83	0.59	0.00	0.89	0.38	0.72	0.36	1.00	0.67	0.15	0.52	1.00
绿林山协会	0.00	0.69	0.69	0.28	0.00	0.33	1.00	0.78	0.31	0.93	0.78	1.00	0.00	0.73	0.97	0.65	0.60	1.00	0.17
丁场协会	0.80	0.87	0.42	0.84	0.00	0.17	1.00	1.00	1.00	0.80	0.44	0.47	1.00	0.73	1.00	0.50	0.39	0.00	1.00
二干渠二支渠协会	1.00	0.98	0.14	1.00	0.00	0.62	1.00	0.89	0.77	0.00	1.00	1.00	0.32	0.58	1.00	1.00	0.00	0.56	0.00
三支渠协会	0.76	0.98	0.84	0.00	0.40	0.00	0.67	0.89	0.59	0.00	1.00	1.00	0.00	1.00	1.00	0.00	0.00	0.00	0.00
五分支渠协会	1.00	0.98	0.50	0.54	0.00	0.04	0.75	0.67	0.15	1.00	1.00	0.60	0.47	1.00	1.00	0.65	0.64	0.56	1.00
二干渠一分干协会	1.00	0.98	0.58	0.78	0.00	0.31	0.89	0.89	0.61	1.00	1.00	0.04	0.62	0.89	1.00	1.00	1.00	0.40	1.00
许岗协会	0.49	0.87	0.47	1.00	0.00	0.31	0.75	0.56	0.59	0.53	1.00	1.00	0.51	1.00	1.00	0.33	0.23	1.00	0.00
纪山协会	0.00	0.60	0.00	0.00	0.00	0.00	0.44	1.00	0.00	0.83	0.67	0.80	0.00	0.76	1.00	1.00	0.67	1.00	1.00
四支渠协会	1.00	0.87	0.19	0.68	0.00	0.00	1.00	0.33	0.10	1.00	1.00	0.47	0.00	1.00	1.00	1.00	1.00	0.52	1.00
大房湾协会	0.33	0.87	0.83	1.00	0.61	0.43	0.33	1.00	0.56	1.00	1.00	1.00	0.50	0.89	1.00	0.33	0.07	0.52	1.00
重岗协会	1.00	0.98	0.61	0.28	0.14	0.28	0.44	0.89	0.65	0.20	1.00	1.00	0.94	0.73	1.00	0.87	0.25	1.00	1.00
六支渠协会	0.00	0.60	0.00	0.00	0.00	0.00	0.75	0.44	0.15	1.00	1.00	0.80	0.00	0.36	1.00	1.00	1.00	0.52	0.00
川店镇协会	0.80	0.60	0.47	0.00	0.08	0.53	0.89	0.78	0.52	0.67	1.00	1.00	0.07	0.87	1.00	1.00	0.52	1.00	0.00
老二干协会	0.33	1.00	0.69	0.07	0.00	0.33	1.00	0.00	0.59	0.00	1.00	0.80	0.00	1.00	1.00	1.00	0.44	0.40	0.00
曹岗协会	0.33	0.98	0.72	1.00	0.40	0.37	0.89	0.44	0.53	0.00	0.89	0.60	0.00	1.00	1.00	1.00	0.00	1.00	0.07
胜利协会	0.76	0.60	0.24	0.00	0.65	0.04	0.22	1.00	1.00	0.50	0.44	0.60	0.84	0.73	0.93	0.40	0.01	0.44	1.00
三干渠三分干协会	1.00	0.87	0.79	0.20	0.00	0.00	0.44	0.44	0.66	0.00	0.44	0.30	0.00	0.47	1.00	0.33	0.22	0.00	0.50
兴隆协会	0.33	0.18	0.18	0.20	0.00	0.00	0.44	0.44	0.47	0.00	0.56	0.00	0.22	0.89	1.00	0.33	0.43	0.52	0.47

（1）协会组建综合指标。

$$a_{i1} = \begin{cases} 1 & (x_{i1} \geqslant 0.9) \\ \dfrac{x_{i1} - 0.45}{0.9 - 0.45} & (0.45 < x_{i1} < 0.9) \\ 0 & (x_{i1} \leqslant 0.45) \end{cases} \qquad (6\text{-}14)$$

（2）协会职能综合指标。

$$a_{i2} = \begin{cases} 1 & (x_{i2} \geqslant 0.9) \\ \dfrac{x_{i2} - 0.45}{0.9 - 0.45} & (0.45 < x_{i2} < 0.9) \\ 0 & (x_{i2} \leqslant 0.45) \end{cases} \qquad (6\text{-}15)$$

（3）协会认知程度综合指标。

$$a_{i3} = \begin{cases} 1 & (x_{i3} \geqslant 0.9) \\ \dfrac{x_{i3} - 0.45}{0.9 - 0.45} & (0.45 < x_{i3} < 0.9) \\ 0 & (x_{i3} \leqslant 0.45) \end{cases} \qquad (6\text{-}16)$$

（4）农户参与协会程度综合指标。

$$a_{i4} = \begin{cases} 1 & (x_{i4} \geqslant 0.9) \\ \dfrac{x_{i4} - 0.45}{0.9 - 0.45} & (0.45 < x_{i4} < 0.9) \\ 0 & (x_{i4} \leqslant 0.45) \end{cases} \qquad (6\text{-}17)$$

（5）协会与外部组织关系综合指标。

$$a_{i5} = \begin{cases} 1 & (x_{i5} \geqslant 0.9) \\ \dfrac{x_{i5} - 0.45}{0.9 - 0.45} & (0.45 < x_{i5} < 0.9) \\ 0 & (x_{i5} \leqslant 0.45) \end{cases} \qquad (6\text{-}18)$$

（6）工程维护综合指标。

$$a_{i6} = \begin{cases} 1 & (x_{i6} \geqslant 0.9) \\ \dfrac{x_{i6} - 0.45}{0.9 - 0.45} & (0.45 < x_{i6} < 0.9) \\ 0 & (x_{i6} \leqslant 0.45) \end{cases} \qquad (6\text{-}19)$$

（7）工程完好率指标。

$$a_{i7} = \begin{cases} 1 & (x_{i7} \geqslant 75) \\ \dfrac{x_{i7} - 30}{75 - 30} & (30 < x_{i7} < 75) \\ 0 & (x_{i7} \leqslant 30) \end{cases} \qquad (6\text{-}20)$$

（8）渠道水利用系数指标。

$$a_{i8} = \begin{cases} 1 & (x_{i8} \leqslant 0.3) \\ \dfrac{x_{i8} - 0.3}{0.75 - 0.3} & (0.3 < x_{i8} < 0.75) \\ 0 & (x_{i8} \geqslant 0.75) \end{cases} \qquad (6\text{-}21)$$

（9）灌溉水分配及影响综合指标。

$$a_{i9} = \begin{cases} 1 & (x_{i9} \geqslant 0.9) \\ \dfrac{x_{i9} - 0.45}{0.9 - 0.45} & (0.45 < x_{i9} < 0.9) \\ 0 & (x_{i9} \leqslant 0.45) \end{cases} \qquad (6\text{-}22)$$

（10）单位面积灌溉水量指标。

$$a_{i10} = \begin{cases} 1 & (x_{i10} \leqslant 300) \\ \dfrac{450 - x_{i10}}{450 - 300} & (300 < x_{i10} < 450) \\ 0 & (x_{i10} \geqslant 450) \end{cases} \qquad (6\text{-}23)$$

（11）水费收取率指标。

$$a_{i11} = \begin{cases} 1 & (x_{i11} \geqslant 95) \\ \dfrac{x_{i11} - 50}{95 - 50} & (50 < x_{i11} < 95) \\ 0 & (x_{i11} \leqslant 50) \end{cases} \qquad (6\text{-}24)$$

（12）用水矛盾程度综合指标。

$$a_{i12} = \begin{cases} 1 & (x_{i12} \geqslant 0.9) \\ \dfrac{x_{i12} - 0.45}{0.9 - 0.45} & (0.45 < x_{i12} < 0.9) \\ 0 & (x_{i12} \leqslant 0.45) \end{cases} \qquad (6\text{-}25)$$

（13）供水投劳变化程度综合指标。

$$a_{i13} = \begin{cases} 1 & (x_{i13} \geqslant 0.9) \\ \dfrac{x_{i13} - 0.45}{0.9 - 0.45} & (0.45 < x_{i13} < 0.9) \\ 0 & (x_{i13} \leqslant 0.45) \end{cases} \qquad (6\text{-}26)$$

（14）用水计量方式综合指标。

$$a_{i14} = \begin{cases} 1 & (x_{i14} \geqslant 0.9) \\ \dfrac{x_{i14} - 0.45}{0.9 - 0.45} & (0.45 < x_{i14} < 0.9) \\ 0 & (x_{i14} \leqslant 0.45) \end{cases} \qquad (6\text{-}27)$$

（15）协会收支比例指标。

$$a_{i15} \begin{cases} 1 & (x_{i15} \geqslant 100) \\ \dfrac{x_{i15} - 40}{100 - 40} & (40 < x_{i15} < 100) \\ 0 & (x_{i15} \leqslant 40) \end{cases} \tag{6-28}$$

（16）单位面积水稻产量指标。

$$a_{i16} = \begin{cases} 1 & (x_{i16} \geqslant 600) \\ \dfrac{x_{i16} - 450}{600 - 450} & (450 < x_{i16} < 600) \\ 0 & (x_{i16} \leqslant 450) \end{cases} \tag{6-29}$$

（17）灌溉水分生产率指标。

$$a_{i17} = \begin{cases} 1 & (x_{i17} \geqslant 2.5) \\ \dfrac{x_{i17} - 1.0}{2.5 - 1.0} & (1.0 < x_{i17} < 2.5) \\ 0 & (x_{i17} \leqslant 1.0) \end{cases} \tag{6-30}$$

（18）对相关单位影响综合指标。

$$a_{i18} = \begin{cases} 1 & (x_{i18} \geqslant 0.9) \\ \dfrac{x_{i18} - 0.45}{0.9 - 0.45} & (0.45 < x_{i18} < 0.9) \\ 0 & (x_{i18} \leqslant 0.45) \end{cases} \tag{6-31}$$

（19）单位灌溉用水收益指标。

$$a_{i19} = \begin{cases} 1 & (x_{i19} \geqslant 0.07) \\ \dfrac{x_{i19} - 0.04}{0.07 - 0.04} & (0.04 < x_{i19} < 0.07) \\ 0 & (x_{i19} \leqslant 0.04) \end{cases} \tag{6-32}$$

6.2.3.2 指标标准值规格化

从评价指标各等级的标准值可知,各指标在处于"良"、"中"、"差"3 个等级的区间长度是一样的。因此,认为指标性能处于 I 级(性能状况为"优")时对应元素为 1,处于 V 级(性能状况为"劣")时对应元素为 0,处于"良"、"中"、"差"的 3 个等级对应元素分别为 0.75、0.5、0.25。评价指标各等级标准值规格化后为 $(B_{ej})_{5 \times 19}$。

$$B_{5 \times 19} = \begin{pmatrix} x_1 & x_2 & x_3 & \cdots & x_{18} & x_{19} \\ 1.0 & 1.0 & 1.0 & \cdots & 1.0 & 1.0 \\ 0.75 & 0.75 & 0.75 & \cdots & 0.75 & 0.75 \\ 0.50 & 0.50 & 0.50 & \cdots & 0.50 & 0.50 \\ 0.25 & 0.25 & 0.25 & \cdots & 0.25 & 0.25 \\ 0 & 0 & 0 & \cdots & 0 & 0 \end{pmatrix} \tag{6-33}$$

6.2.4 关联离散函数计算

6.2.4.1 与"优"（Ⅰ）级指标性能的关联离散值计算

将第 i 个被评价农民用水户协会指标向量 $a_i = (a_{i1}, a_{i2}, \cdots, a_{i19})$ 取为参考序列，即为母序列。对固定的 i，指标"优"（Ⅰ）级标准向量 $b_1 = (1.0, 1.0, \cdots, 1.0)$ 分别组成被比较序列，即子序列，进行关联分析计算。记 a_i 与 b_1 的第 j 个指标的绝对差为 $\Delta_1(j) = |a_{ij} - b_{1j}|$，然后用式（6-12）计算 a_i 与 b_1 第 j 个指标的关联离散函数值 $\psi_j(a_i, a_1)$，计算结果见表6-3。

6.2.4.2 与"良"（Ⅱ）级指标性能的关联离散值计算

对固定的 i，指标"良"（Ⅱ）级标准向量 $b_2 = (0.75, 0.75, \cdots, 0.75)$ 分别组成被比较序列，即子序列，进行关联分析计算。记 a_i 与 b_2 的第 j 个指标的绝对差为 $\Delta_2(j) = |a_{ij} - b_{2j}|$，然后用式（6-12）计算 a_i 与 b_2 第 j 个指标的关联离散函数值 $\psi_j(a_i, b_2)$，计算结果见表6-4。

6.2.4.3 与"中"（Ⅲ）级指标性能的关联离散值计算

对固定的 i，指标"中"（Ⅲ）级标准向量 $b_3 = (0.5, 0.5, \cdots, 0.5)$ 分别组成被比较序列，即子序列，进行关联分析计算。记 a_i 与 b_3 的第 j 个指标的绝对差为 $\Delta_3(j) = |a_{ij} - b_{3j}|$，然后用式（6-12）计算 a_i 与 b_3 第 j 个指标的关联离散函数值 $\psi_j(a_i, b_3)$，计算结果见表6-5。

6.2.4.4 与"差"（Ⅳ）级指标性能的关联离散值计算

对固定的 i，指标"差"（Ⅳ）级标准向量 $b_4 = (0.25, 0.25, \cdots, 0.25)$ 分别组成被比较序列，即子序列，进行关联分析计算。记 a_i 与 b_4 的第 j 个指标的绝对差为 $\Delta_4(j) = |a_{ij} - b_{4j}|$，然后用式（6-12）计算 a_i 与 b_4 第 j 个指标的关联离散函数值 $\psi_j(a_i, b_4)$，计算结果见表6-6。

6.2.4.5 与"劣"（Ⅴ）级指标性能的关联离散值计算

对固定的 i，指标"劣"（Ⅴ）级标准向量 $b_5 = (0, 0, \cdots, 0)$ 分别组成被比较序列，即子序列，进行关联分析计算。记 a_i 与 b_5 的第 j 个指标的绝对差为 $\Delta_5(j) = |a_{ij} - b_{5j}|$，然后用式（6-12）计算 a_i 与 b_5 第 j 个指标的关联离散函数值 $\psi_j(a_i, b_5)$，计算结果见表6-7。

6.2.5 关联度计算

根据表6-3 ～ 表6-7 所得的漳河灌区农民用水户协会评价指标值与评价指标各级别的关联离散函数值。运用第5章所得的评价指标的综合权重，按式（6-13）计算，可以得到漳河灌区各农民用水户协会相对各级评价标准的关联度，见表6-8。

表6-3　漳河灌区农民用水户协会评价指标与I级指标性能（优）的关联离散值

协会名称	协会组建综合指标 C_1	协会职能综合指标 C_2	协会认知程度综合指标 C_3	农户参与协会程度综合指标 C_4	协会与外部组织关系综合指标 C_5	工程维护综合指标 C_6	工程完好率指标 C_7	渠道水利用系数指标 C_8	灌溉水分配及影响综合指标 C_9	单位面积灌水量指标 C_{10}	水费收取率指标 C_{11}	用水矛盾程度综合指标 C_{12}	供水干劳变化程度综合指标 C_{13}	用水计量方式综合指标 C_{14}	水计收支比例指标 C_{15}	单位面积产量指标 C_{16}	灌溉水分生产率指标 C_{17}	对相关单位影响综合指标 C_{18}	单位灌溉用水效益指标 C_{19}
马山协会	0.00	0.96	0.91	0.00	0.00	0.03	0.29	1.00	0.33	1.00	0.80	1.00	1.00	0.22	1.00	1.00	0.80	0.35	0.65
靳巷协会	0.91	0.76	0.41	0.17	0.00	0.02	0.50	0.80	0.42	0.00	1.00	0.23	0.00	0.36	1.00	1.00	0.18	0.00	0.10
仓库协会	1.00	0.76	0.24	0.10	0.00	1.00	1.00	1.00	0.33	0.20	1.00	1.00	1.00	1.00	1.00	0.20	0.09	1.00	1.00
许山协会	0.91	0.96	0.20	0.50	0.00	0.00	0.50	0.13	0.42	0.20	1.00	0.43	0.06	0.58	1.00	0.20	0.09	1.00	0.20
周坪协会	1.00	0.43	0.20	0.00	0.00	0.00	0.13	0.29	0.33	1.00	1.00	0.67	0.57	0.76	1.00	0.20	1.00	0.35	0.00
勤俭协会	0.67	0.10	0.00	0.00	0.00	0.00	0.60	0.00	0.00	0.00	1.00	1.00	0.03	1.00	1.00	0.50	0.00	0.35	0.50
官湾协会	0.00	0.76	0.00	0.00	0.00	0.00	1.00	1.00	0.00	0.20	1.00	0.67	0.06	0.23	1.00	0.71	0.17	1.00	0.00
鸦铺协会	0.67	0.10	0.71	0.00	0.00	0.00	0.60	0.50	0.00	0.20	1.00	0.62	0.24	0.23	1.00	0.20	0.09	0.35	0.34
吕岗协会	1.00	0.96	0.17	0.00	0.00	0.00	0.00	1.00	0.71	0.50	1.00	0.02	0.78	1.00	1.00	0.20	0.17	1.00	0.00
周湾协会	0.32	0.76	0.67	0.64	0.00	0.00	0.60	1.00	0.31	0.50	0.64	1.00	0.57	0.58	1.00	0.50	0.24	0.00	0.13
九龙协会	0.06	0.41	0.78	0.00	0.00	0.00	1.00	0.70	0.00	0.36	1.00	1.00	0.06	0.53	0.76	1.00	0.26	0.35	0.50
洪庙协会	1.00	0.96	0.05	0.00	0.00	0.45	0.80	0.00	0.46	0.00	1.00	1.00	0.40	0.58	1.00	0.49	0.05	1.00	0.20
贺集协会	0.00	0.10	0.71	0.91	0.04	0.00	0.00	1.00	0.01	0.00	0.29	0.30	0.13	0.20	0.90	1.00	0.04	0.00	0.71
五一协会	1.00	0.43	0.23	0.22	0.25	0.00	0.00	1.00	0.19	0.00	0.91	0.02	0.73	1.00	1.00	0.71	0.05	0.35	1.00
雷坪协会	0.20	0.43	0.00	0.00	0.00	0.64	0.64	0.29	0.00	1.00	1.00	0.02	0.57	0.67	1.00	0.50	0.03	1.00	0.00
英岩协会	1.00	0.76	0.57	0.38	0.00	0.29	0.29	1.00	0.32	0.50	1.00	0.67	0.78	0.27	0.00	1.00	0.50	0.00	0.20
伍架协会	0.20	0.96	0.57	1.00	0.00	0.02	1.00	0.38	0.35	1.00	1.00	0.02	0.06	1.00	1.00	1.00	0.31	1.00	1.00
长兴协会	0.61	0.76	0.67	0.62	0.00	0.00	0.50	0.80	0.02	1.00	1.00	0.02	0.06	0.53	0.54	0.50	1.00	1.00	0.00
于陵协会	0.61	0.25	0.82	0.00	0.04	0.24	1.00	0.50	0.42	1.00	1.00	1.00	0.03	0.22	1.00	0.71	1.00	0.00	1.00
永丰协会	0.67	0.43	0.74	0.80	0.00	0.00	0.50	1.00	0.37	1.00	1.00	0.67	0.26	1.00	1.00	1.00	0.57	1.00	1.00
总干渠二支渠协会	0.61	0.96	0.36	0.18	0.00	0.02	0.00	1.00	0.35	0.36	0.64	1.00	0.43	0.58	1.00	0.49	0.25	1.00	0.00

协会名称	协会组建综合指标 C_1	协会职能综合指标 C_2	协会认知程度综合指标 C_3	农户参与协会程度综合指标 C_4	协会与外部组织关系综合指标 C_5	工程维护综合指标 C_6	工程完好率综合指标 C_7	渠道水利用系数指标 C_8	灌溉水分配及影响综合指标 C_9	单位面积灌水量指标 C_{10}	水费收取率指标 C_{11}	用水矛盾程度综合指标 C_{12}	供水投劳变化程度综合指标 C_{13}	用水计量方式综合指标 C_{14}	协会收支比例指标 C_{15}	单位面积水稻产量指标 C_{16}	灌溉水分生产率指标 C_{17}	对相关单位影响综合指标 C_{18}	单位灌溉用水收益指标 C_{19}
总干渠一支渠协会	1.00	0.76	0.39	1.00	0.00	0.00	1.00	0.80	1.00	0.00	0.64	0.67	0.23	1.00	0.64	1.00	0.13	1.00	1.00
总干渠二分渠协会	0.67	0.10	0.25	0.13	0.00	0.00	0.29	0.70	1.00	0.36	0.70	0.67	0.07	0.58	1.00	0.49	0.25	0.00	1.00
脚东协会	0.61	0.76	0.22	0.03	0.00	0.00	0.06	0.70	0.42	0.00	0.80	0.23	0.57	0.22	1.00	0.50	0.08	0.35	1.00
绿林山协会	0.00	0.53	0.53	0.17	0.00	0.20	1.00	0.64	0.18	0.86	0.64	1.00	0.00	0.58	0.94	0.49	0.43	1.00	0.10
丁场协会	0.67	0.76	0.26	0.72	0.00	0.09	1.00	1.00	1.00	0.67	0.29	0.30	1.00	0.58	1.00	0.33	0.25	0.00	1.00
二干渠一支渠协会	1.00	0.96	0.07	1.00	0.00	0.45	1.00	1.00	0.63	0.00	1.00	1.00	0.19	0.41	1.00	1.00	0.00	0.39	0.00
三支渠协会	0.61	0.96	0.73	0.00	0.25	0.00	0.50	0.80	0.42	0.00	1.00	1.00	0.00	1.00	1.00	1.00	0.00	0.00	0.00
五分支协会	1.00	0.96	0.33	0.37	0.00	0.02	0.60	0.50	0.08	1.00	1.00	0.43	0.30	1.00	1.00	0.49	0.48	0.39	1.00
二干渠一分干协会	1.00	0.96	0.41	0.64	0.00	0.18	0.80	0.80	0.44	1.00	1.00	0.02	0.45	0.80	1.00	1.00	1.00	0.25	1.00
许岗协会	0.32	0.76	0.31	1.00	0.00	0.18	1.00	0.38	0.42	0.36	1.00	1.00	0.34	1.00	1.00	0.20	0.13	1.00	0.00
纪山协会	0.00	0.43	0.00	0.00	0.00	0.00	0.60	1.00	0.00	0.71	0.50	0.67	0.00	0.61	1.00	1.00	0.50	1.00	1.00
四支渠协会	1.00	0.76	0.11	0.51	0.00	0.00	0.29	0.20	0.05	1.00	1.00	0.30	0.00	1.00	1.00	1.00	1.00	0.35	1.00
大房湾协会	0.20	0.76	0.71	1.00	0.00	0.28	1.00	1.00	0.39	0.00	1.00	1.00	0.33	0.80	1.00	0.20	0.04	0.35	1.00
董岗协会	1.00	0.96	0.44	0.16	0.08	0.16	0.20	0.80	0.48	0.11	1.00	1.00	0.89	0.58	1.00	0.76	0.15	1.00	1.00
六支渠协会	0.00	0.43	0.00	0.00	0.00	0.00	0.29	0.29	0.08	1.00	1.00	0.67	0.03	0.22	1.00	1.00	1.00	0.35	0.00
川店镇协会	0.67	0.43	0.31	0.00	0.00	0.36	0.60	0.64	0.35	0.50	1.00	1.00	0.03	0.76	1.00	1.00	0.35	1.00	0.00
老二干协会	0.20	1.00	0.31	0.04	0.04	0.20	0.80	0.00	0.42	0.00	1.00	0.67	0.00	0.29	1.00	1.00	0.29	0.25	0.00
曹岗协会	0.20	0.96	0.53	1.00	0.00	0.00	1.00	0.29	0.36	0.00	0.80	0.43	0.00	1.00	1.00	1.00	0.00	1.00	0.04
胜利协会	0.61	0.43	0.57	1.00	0.25	0.23	0.80	1.00	1.00	0.00	0.29	0.43	0.73	0.58	0.88	0.25	0.01	0.28	1.00
三干渠三分干协会	1.00	0.76	0.14	0.11	0.00	0.00	0.13	0.29	0.49	0.33	1.00	0.18	0.13	0.30	1.00	0.20	0.13	0.00	0.33
兴隆协会	0.20	0.10	0.65	0.11	0.48	0.02	0.29	0.29	0.31	0.00	0.38	0.00	0.13	0.80	1.00	0.20	0.27	0.35	0.30

表6-4 漳河灌区农民用水户协会评价指标与Ⅱ级指标性能(良)的关联离散值

协会名称	协会组建综合指标 C_1	协会职能综合指标 C_2	协会认知程度综合指标 C_3	农户参与协会程度综合指标 C_4	协会与协会外部组织关系综合指标 C_5	工程维护综合指标 C_6	工程完好程度综合指标 C_7	渠道完好率指标 C_8	灌溉水分配及影响综合指标 C_9	单位面积灌水量指标 C_{10}	水费收取率指标 C_{11}	用水矛盾程度综合指标 C_{12}	供水抗劳变化程度综合指标 C_{13}	用水户计量方式综合指标 C_{14}	协会收支比例指标 C_{15}	单位面积水稻产量指标 C_{16}	灌溉水分生产率指标 C_{17}	对相关单位影响综合指标 C_{18}	单位灌溉用水收益指标 C_{19}
马山协会	0.14	0.63	0.66	0.14	0.14	0.18	0.53	0.60	0.59	0.60	0.76	0.60	0.60	0.43	0.60	0.60	0.76	0.63	0.93
靳巷协会	0.66	0.79	0.71	0.37	0.14	0.17	0.85	0.76	0.72	0.14	0.60	0.46	0.14	0.64	0.60	0.60	0.38	0.14	0.28
仓库协会	0.60	0.79	0.47	0.28	0.14	0.60	0.60	0.60	0.59	0.41	0.60	0.60	0.60	0.60	0.60	0.41	0.26	0.60	0.60
许山协会	0.66	0.63	0.41	0.85	0.14	0.14	0.85	0.31	0.72	0.41	0.60	0.74	0.22	0.97	0.60	0.41	0.26	0.60	0.41
周坪协会	0.60	0.74	0.42	0.14	0.14	0.14	0.31	0.53	0.59	0.60	0.60	0.90	0.95	0.79	0.60	0.41	0.60	0.63	0.14
勤俭协会	0.90	0.27	0.14	0.14	0.14	0.14	1.00	0.14	0.14	0.14	0.60	0.60	0.18	0.60	0.60	0.85	0.14	0.63	0.85
官湾协会	0.14	0.79	0.14	0.14	0.14	0.14	0.60	0.60	0.14	0.41	0.60	0.90	0.22	0.46	0.60	0.85	0.37	0.60	0.14
鸦铺协会	0.90	0.27	0.14	0.14	0.14	0.14	1.00	0.85	0.14	0.41	0.60	0.97	0.47	0.46	0.60	0.41	0.26	0.63	0.61
吕岗协会	0.60	0.63	0.38	0.14	0.14	0.14	0.60	0.60	0.85	0.85	0.60	0.17	0.77	0.60	0.60	0.41	0.37	0.60	0.14
周湾协会	0.59	0.79	0.89	0.94	0.14	0.14	1.00	0.60	0.57	0.85	0.95	0.60	0.95	0.97	0.60	0.85	0.46	0.14	0.31
九龙协会	0.22	0.71	0.77	0.14	0.14	0.14	0.60	0.86	0.14	0.64	0.60	0.60	0.22	0.88	0.79	0.60	0.50	0.63	0.85
洪庙协会	0.60	0.63	0.21	0.14	0.14	0.77	0.76	0.60	0.79	0.14	0.60	0.60	0.69	0.97	0.60	0.82	0.20	0.14	0.41
贺集协会	0.14	0.27	0.85	0.67	0.20	0.14	0.14	0.60	0.16	0.14	0.66	0.56	0.32	0.41	0.67	0.60	0.20	0.14	0.85
五一协会	0.60	0.74	0.45	0.44	0.48	0.14	0.14	0.60	0.39	0.14	0.53	0.17	0.83	0.60	0.60	0.85	0.21	0.63	0.60
雷坪协会	0.41	0.74	0.14	0.14	0.14	0.14	0.95	0.53	0.14	0.14	0.60	0.17	0.95	0.90	0.60	0.85	0.19	0.60	0.14
英岩协会	0.60	0.79	0.95	0.67	0.14	0.14	0.53	0.60	0.58	0.60	0.60	0.90	0.77	0.51	0.14	0.60	0.85	0.60	0.41
伍架协会	0.41	0.63	0.95	0.60	0.14	0.17	0.60	0.67	0.62	0.85	0.60	0.17	0.22	0.60	0.60	0.60	0.57	0.60	0.60
长兴协会	0.99	0.79	0.89	0.97	0.14	0.14	0.85	0.76	0.17	0.60	0.60	0.17	0.22	0.88	0.60	0.60	0.60	0.14	0.14
于陵协会	0.99	0.48	0.74	0.14	0.20	0.47	0.60	0.85	0.72	0.60	0.60	0.60	0.18	0.43	0.90	0.85	0.60	0.14	0.60
永圣协会	0.90	0.74	0.81	0.75	0.14	0.14	0.85	0.60	0.65	0.60	0.60	0.90	0.49	0.60	0.60	0.41	0.95	0.60	0.60
总干渠二支渠协会	0.99	0.63	0.64	0.39	0.14	0.17	0.14	0.60	0.62	0.64	0.95	0.60	0.74	0.97	0.60	0.82	0.48	0.60	0.14

续表 6-4

协会名称	协会组建综合指标 C_1	协会组织能力综合指标 C_2	协会认知程度综合指标 C_3	农户参与协会程度综合指标 C_4	协会与外部组织关系综合指标 C_5	工程维护综合指标 C_6	工程完好率指标 C_7	渠道水利用系数指标 C_8	灌溉水分配及影响综合指标 C_9	单位面积灌水量指标 C_{10}	水费收取率指标 C_{11}	用水矛盾程度综合指标 C_{12}	供水投劳变化程度综合指标 C_{13}	用水计量方式综合指标 C_{14}	协会收支比例指标 C_{15}	单位面积灌水产量指标 C_{16}	灌溉水分生产率指标 C_{17}	对相关单位影响综合指标 C_{18}	单位灌溉用水收益指标 C_{19}
总干渠一支渠协会	0.60	0.79	0.68	0.60	0.14	0.14	0.60	0.76	0.60	0.14	0.95	0.90	0.45	0.60	0.94	0.60	0.31	0.60	0.60
总干渠二分渠协会	0.90	0.27	0.48	0.31	0.14	0.14	0.53	0.87	0.60	0.64	0.87	0.90	0.24	0.97	0.60	0.82	0.48	0.14	0.60
脚东协会	0.99	0.79	0.44	0.18	0.14	0.14	0.22	0.86	0.72	0.14	0.76	0.46	0.95	0.43	0.60	0.85	0.25	0.63	0.60
绿林山协会	0.14	0.88	0.89	0.36	0.14	0.41	0.60	0.95	0.39	0.70	0.95	0.60	0.14	0.97	0.64	0.82	0.74	0.60	0.27
丁场协会	0.90	0.79	0.50	0.83	0.14	0.26	0.60	0.60	0.60	0.90	0.53	0.56	0.60	0.97	0.60	0.60	0.47	0.14	0.60
二干渠二支渠协会	0.60	0.63	0.24	0.60	0.14	0.77	0.60	0.60	0.96	0.14	0.60	0.60	0.40	0.71	0.60	0.60	0.14	0.69	0.14
三支渠协会	0.99	0.63	0.83	0.14	0.48	0.14	0.85	0.76	0.72	0.14	0.60	0.60	0.14	0.60	0.60	0.60	0.14	0.14	0.14
五分支渠协会	0.60	0.63	0.60	0.66	0.14	0.17	1.00	0.85	0.25	0.60	0.60	0.74	0.56	0.60	0.60	0.82	0.81	0.69	0.14
二干渠一分干协会	0.60	0.63	0.71	0.94	0.14	0.39	0.76	0.76	0.75	0.60	0.60	0.17	0.77	0.76	0.60	0.60	0.60	0.48	0.60
许岗协会	0.59	0.79	0.57	0.60	0.14	0.39	0.60	0.67	0.72	0.64	0.60	0.60	0.61	0.60	0.60	0.41	0.32	0.60	0.14
纪山协会	0.14	0.74	0.14	0.14	0.14	0.14	1.00	0.60	0.14	0.85	0.85	0.90	0.14	0.99	0.60	0.60	0.85	0.60	0.60
四支渠协会	0.60	0.79	0.29	0.86	0.14	0.14	0.53	0.41	0.21	0.60	0.60	0.56	0.14	0.60	0.60	0.60	0.60	0.63	0.60
大房湾协会	0.41	0.79	0.85	0.60	0.76	0.52	0.60	0.60	0.69	0.14	0.60	0.60	0.60	0.76	0.60	0.41	0.19	0.63	0.60
董岗协会	0.60	0.63	0.76	0.36	0.24	0.36	0.41	0.76	0.81	0.29	0.60	0.60	0.67	0.97	0.60	0.79	0.34	0.60	0.60
六支渠协会	0.14	0.74	0.14	0.14	0.14	0.14	0.53	0.53	0.25	0.60	0.60	0.90	0.14	0.43	0.60	0.60	0.60	0.63	0.14
川店镇协会	0.90	0.74	0.14	0.14	0.14	0.14	1.00	0.95	0.62	0.85	0.60	0.60	0.19	0.79	0.60	0.60	0.63	0.60	0.14
老二干协会	0.41	0.60	0.57	0.14	0.20	0.64	0.76	0.53	0.72	0.14	0.76	0.90	0.14	0.60	0.60	0.60	0.53	0.48	0.14
曹岗协会	0.41	0.63	0.89	0.19	0.14	0.41	0.60	0.60	0.64	0.14	0.53	0.74	0.14	0.60	0.60	0.60	0.53	0.60	0.19
胜利协会	0.99	0.74	0.95	0.60	0.48	0.45	0.76	0.60	0.60	0.14	0.53	0.74	0.14	0.97	0.69	0.48	0.15	0.53	0.60
三干渠三分干协会	0.60	0.79	0.32	0.14	0.14	0.14	0.31	0.53	0.83	0.60	0.60	0.38	0.83	0.56	0.60	0.41	0.31	0.14	0.60
兴隆协会	0.41	0.27	0.93	0.29	0.81	0.17	0.53	0.53	0.57	0.14	0.67	0.14	0.31	0.76	0.60	0.41	0.51	0.63	0.56

表 6-5 漳河灌区农民用水户协会评价指标与Ⅲ级指标性能（中）的关联离散值

协会名称	协会组建综合指标 C_1	协会职能综合指标 C_2	协会认知程度综合指标 C_3	农户参与协会程度综合指标 C_4	协会与外部组织关系综合指标 C_5	工程维护综合指标 C_6	工程完好率指标 C_7	渠道水利用系数指标 C_8	灌溉水分配及影响综合指标 C_9	单位面积灌水量指标 C_{10}	水费收取率指标 C_{11}	用水矛盾程度综合指标 C_{12}	供水投劳变化程度综合指标 C_{13}	用水计量方式综合指标 C_{14}	协会收支比例指标 C_{15}	单位面积水稻产量指标 C_{16}	灌溉水稻分生产率指标 C_{17}	对单位影响综合指标 C_{18}	相关单位灌溉用水收益指标 C_{19}
马山协会	0.33	0.35	0.37	0.33	0.33	0.38	0.89	0.33	0.99	0.33	0.44	0.33	0.33	0.75	0.33	0.33	0.44	0.96	0.55
靳巷协会	0.37	0.46	0.85	0.65	0.33	0.37	0.71	0.44	0.84	0.33	0.33	0.78	0.33	0.94	0.33	0.33	0.67	0.33	0.52
仓库协会	0.33	0.46	0.80	0.52	0.33	0.33	0.33	0.33	0.99	0.71	0.33	0.33	0.33	0.33	0.33	0.71	0.50	0.33	0.33
许山协会	0.37	0.35	0.71	0.71	0.33	0.33	0.71	0.57	0.84	0.71	0.33	0.82	0.44	0.62	0.33	0.71	0.50	0.33	0.71
周坪协会	0.33	0.82	0.72	0.33	0.33	0.33	0.57	0.89	0.99	0.33	0.33	0.54	0.64	0.46	0.33	0.71	0.33	0.96	0.33
勒偃协会	0.54	0.51	0.33	0.33	0.33	0.33	0.60	0.33	0.33	0.33	0.33	0.33	0.38	0.33	0.33	0.71	0.33	0.96	0.71
官湾协会	0.33	0.46	0.33	0.33	0.33	0.33	0.33	0.33	0.33	0.33	0.33	0.54	0.44	0.78	0.33	0.50	0.66	0.33	0.33
鸦雁协会	0.54	0.51	0.33	0.33	0.33	0.33	0.60	0.71	0.33	0.71	0.33	0.58	0.80	0.78	0.33	0.71	0.50	0.96	0.98
吕岗协会	0.33	0.35	0.66	0.33	0.33	0.33	0.33	0.33	0.50	0.71	0.33	0.37	0.45	0.33	0.33	0.71	0.65	0.33	0.33
周湾协会	0.98	0.46	0.53	0.56	0.33	0.33	0.60	0.33	0.95	0.71	0.57	0.33	0.64	0.62	0.33	0.71	0.79	0.33	0.57
九龙协会	0.44	0.86	0.45	0.33	0.33	0.33	0.33	0.51	0.33	0.94	0.33	0.33	0.44	0.68	0.46	0.33	0.84	0.96	0.71
洪庙协会	0.33	0.35	0.42	0.33	0.33	0.79	0.44	0.33	0.77	0.33	0.33	0.33	0.88	0.62	0.33	0.73	0.42	0.33	0.71
贺集协会	0.33	0.51	0.50	0.38	0.41	0.33	0.33	0.33	0.35	0.33	0.89	0.94	0.58	0.71	0.38	0.33	0.41	0.33	0.50
五一协会	0.33	0.82	0.77	0.75	0.81	0.33	0.33	0.33	0.69	0.33	0.37	0.37	0.49	0.33	0.33	0.50	0.43	0.96	0.33
雷坪协会	0.71	0.82	0.33	0.33	0.33	0.33	0.57	0.89	0.33	0.33	0.33	0.37	0.64	0.54	0.33	0.71	0.40	0.33	0.33
英岩协会	0.33	0.46	0.64	0.89	0.33	0.33	0.89	0.33	0.96	0.33	0.33	0.54	0.45	0.86	0.33	0.33	0.71	0.96	0.71
伍架协会	0.71	0.35	0.64	0.33	0.33	0.37	0.33	0.89	0.97	0.71	0.33	0.37	0.44	0.33	0.33	0.33	0.95	0.33	0.33
长兴协会	0.59	0.46	0.53	0.58	0.33	0.33	0.71	0.44	0.38	0.33	0.33	0.37	0.44	0.68	0.33	0.33	0.33	0.33	0.33
于陵协会	0.59	0.82	0.43	0.33	0.41	0.81	0.33	0.71	0.84	0.33	0.33	0.33	0.38	0.75	0.67	0.71	0.33	0.33	0.33
永圣协会	0.54	0.82	0.48	0.44	0.33	0.33	0.71	0.33	0.92	0.33	0.33	0.54	0.84	0.33	0.33	0.20	0.64	0.33	0.33
总干渠二支渠协会	0.59	0.35	0.95	0.68	0.33	0.37	0.33	0.33	0.96	0.94	0.57	0.33	0.82	0.62	0.33	0.73	0.81	0.33	0.33

续表 6-5

指标名称（列标题）：

- C_1 协会组织建设综合指标
- C_2 协会组织职能综合指标
- C_3 协会认知程度综合指标
- C_4 农户参与协会与协会职能程度综合指标
- C_5 协会与外部组织关系综合指标
- C_6 工程维护综合指标
- C_7 工程完好率指标
- C_8 渠道水利用系数指标
- C_9 灌溉水分配及影响综合指标
- C_{10} 单位面积灌水量指标
- C_{11} 水费收取率指标
- C_{12} 用水矛盾程度综合指标
- C_{13} 供水劳变化程度综合指标
- C_{14} 用水计量方式综合指标
- C_{15} 协会收支比例指标
- C_{16} 单位面积水稻产量指标
- C_{17} 灌溉水分生产率指标
- C_{18} 对相关单位影响综合指标
- C_{19} 单位灌溉用水收益指标

协会名称	C_1	C_2	C_3	C_4	C_5	C_6	C_7	C_8	C_9	C_{10}	C_{11}	C_{12}	C_{13}	C_{14}	C_{15}	C_{16}	C_{17}	C_{18}	C_{19}
总干渠一支渠协会	0.33	0.46	0.89	0.33	0.33	0.33	0.33	0.44	0.33	0.33	0.57	0.54	0.77	0.33	0.56	0.33	0.57	0.33	0.33
总干渠二分渠协会	0.54	0.51	0.82	0.57	0.33	0.33	0.89	0.51	0.33	0.94	0.51	0.54	0.46	0.62	0.33	0.73	0.81	0.33	0.33
脚东协会	0.59	0.46	0.76	0.38	0.33	0.33	0.44	0.51	0.84	0.33	0.44	0.78	0.64	0.75	0.33	0.71	0.48	0.96	0.33
绿林山协会	0.33	0.68	0.67	0.64	0.33	0.72	0.33	0.57	0.68	0.40	0.57	0.33	0.33	0.62	0.36	0.73	0.82	0.33	0.51
丁场协会	0.54	0.46	0.85	0.49	0.33	0.50	0.33	0.33	0.33	0.54	0.89	0.94	0.33	0.62	0.33	1.00	0.81	0.33	0.33
二干渠二支渠协会	0.33	0.35	0.47	0.33	0.33	0.78	0.33	0.33	0.57	0.33	0.33	0.33	0.70	0.86	0.33	0.33	0.33	0.88	0.33
三支渠协会	0.59	0.35	0.49	0.33	0.81	0.33	0.71	0.44	0.84	0.33	0.33	0.33	0.33	0.33	0.33	0.33	0.33	0.33	0.33
五分支渠协会	0.33	0.35	1.00	0.92	0.33	0.37	0.60	0.71	0.48	0.33	0.33	0.82	0.94	0.33	0.33	0.73	0.75	0.88	0.33
二干渠一分干协会	0.33	0.35	0.85	0.56	0.33	0.68	0.44	0.44	0.80	0.33	0.33	0.37	0.78	0.44	0.33	0.33	0.33	0.82	0.33
许岗协会	0.98	0.46	0.95	0.33	0.33	0.68	0.33	0.89	0.84	0.94	0.33	0.33	0.98	0.33	0.33	0.71	0.58	0.33	0.33
纪山协会	0.33	0.82	0.33	0.33	0.33	0.33	0.60	0.33	0.33	0.50	0.71	0.54	0.33	0.59	0.33	0.33	0.71	0.33	0.33
四支渠协会	0.33	0.46	0.53	0.70	0.33	0.33	0.89	0.71	0.43	0.33	0.33	0.94	0.33	0.33	0.33	0.33	0.33	0.96	0.33
大房湾协会	0.71	0.46	0.50	0.33	0.80	0.87	0.33	0.33	0.88	0.33	0.33	0.33	1.00	0.44	0.33	0.71	0.40	0.96	0.33
董岗协会	0.33	0.35	0.80	0.64	0.47	0.64	0.71	0.44	0.74	0.54	0.33	0.33	0.38	0.62	0.33	0.46	0.61	0.33	0.33
六支渠协会	0.33	0.33	0.33	0.33	0.33	0.33	0.89	0.89	0.48	0.33	0.33	0.54	0.33	0.75	0.33	0.33	0.33	0.96	0.33
川店镇协会	0.54	0.82	0.33	0.33	0.33	0.33	0.60	0.57	0.97	0.71	0.33	0.33	0.40	0.46	0.33	0.33	0.95	0.33	0.33
老二干协会	0.71	0.33	0.95	0.33	0.41	0.94	0.44	0.33	0.84	0.33	0.33	0.54	0.33	0.33	0.33	0.33	0.89	0.82	0.33
曹岗协会	0.71	0.35	0.67	0.40	0.33	0.72	0.33	0.89	0.95	0.33	0.44	0.82	0.33	0.33	0.33	0.33	0.33	0.33	0.40
胜利协会	0.59	0.82	0.64	0.33	0.82	0.77	0.44	0.33	0.72	0.33	0.89	0.82	0.33	0.62	0.40	0.82	0.35	0.89	0.33
三干渠三分干协会	0.33	0.46	0.59	0.33	0.33	0.33	0.57	0.89	0.33	1.00	0.33	0.67	0.49	0.94	0.33	0.71	0.57	0.33	1.00
兴隆协会	0.71	0.51	0.55	0.54	0.74	0.37	0.89	0.89	0.95	0.33	0.89	0.33	0.57	0.44	0.33	0.71	0.86	0.96	0.94

表 6-6　漳河灌区农民用水户协会评价指标与IV级指标性能（差）的关联离散值

协会名称	协会组建综合能指标 C_1	协会职能综合指标 C_2	协会认知程度综合指标 C_3	农户参协会与协会外部组织关系程度综合指标 C_4	工程维护综合指标 C_5	工程完好率综合指标 C_6	渠道水利用系数指标 C_7	灌溉水分配及影响综合数指标 C_8	C_9	单位面积灌水量指标 C_{10}	水费收取率指标 C_{11}	用水矛盾程度综合指标 C_{12}	供水矛盾劳变化程度综合指标 C_{13}	用水计量方式综合指标 C_{14}	协会收支比例指标 C_{15}	单位面积水稻产量指标 C_{16}	灌溉分生产率综合指标 C_{17}	对相关单位影响综合指标 C_{18}	单位灌溉用水收益指标 C_{19}
马山协会	0.60	0.16	0.17	0.60	0.60	0.67	0.67	0.14	0.61	0.14	0.22	0.14	0.14	0.81	0.14	0.14	0.22	0.57	0.30
靳巷协会	0.17	0.24	0.50	0.92	0.60	0.66	0.41	0.22	0.50	0.60	0.14	0.77	0.60	0.56	0.14	0.14	0.90	0.60	0.87
仓库协会	0.14	0.24	0.76	0.88	0.60	0.14	0.14	0.14	0.61	0.85	0.14	0.14	0.14	0.14	0.14	0.85	0.85	0.14	0.14
许山协会	0.17	0.16	0.85	0.41	0.60	0.60	0.41	0.95	0.50	0.85	0.14	0.48	0.76	0.35	0.14	0.85	0.85	0.14	0.85
周坪协会	0.14	0.48	0.84	0.60	0.60	0.60	0.95	0.67	0.61	0.14	0.14	0.29	0.36	0.24	0.14	0.85	0.14	0.57	0.60
勤俭协会	0.29	0.87	0.60	0.60	0.60	0.60	0.33	0.60	0.60	0.60	0.14	0.14	0.67	0.14	0.14	0.41	0.60	0.57	0.41
官湾协会	0.60	0.24	0.60	0.60	0.60	0.60	0.14	0.14	0.60	0.85	0.14	0.29	0.76	0.77	0.14	0.26	0.92	0.14	0.60
鸦铺协会	0.29	0.87	0.60	0.18	0.60	0.60	0.33	0.41	0.60	0.85	0.14	0.32	0.76	0.77	0.14	0.85	0.85	0.57	0.59
吕岗协会	0.14	0.16	0.91	0.81	0.60	0.60	0.14	0.14	0.27	0.41	0.14	0.66	0.23	0.14	0.14	0.85	0.93	0.14	0.60
周湾协会	0.61	0.24	0.29	0.31	0.60	0.60	0.33	0.27	0.64	0.41	0.31	0.14	0.36	0.35	0.14	0.41	0.77	0.60	0.95
九龙协会	0.76	0.51	0.23	0.60	0.60	0.60	0.14	0.14	0.60	0.56	0.14	0.14	0.76	0.39	0.24	0.14	0.72	0.57	0.41
洪庙协会	0.14	0.16	0.73	0.60	0.60	0.46	0.22	0.14	0.45	0.60	0.14	0.14	0.52	0.35	0.14	0.43	0.72	0.60	0.85
贺集协会	0.60	0.87	0.26	0.18	0.71	0.60	0.60	0.14	0.63	0.60	0.67	0.64	0.97	0.85	0.18	0.14	0.71	0.60	0.26
五一协会	0.14	0.48	0.78	0.81	0.74	0.60	0.60	0.14	0.88	0.60	0.17	0.66	0.25	0.14	0.14	0.26	0.74	0.57	0.14
雷坪协会	0.85	0.48	0.60	0.53	0.60	0.60	0.31	0.67	0.60	0.60	0.14	0.29	0.36	0.29	0.14	0.41	0.69	0.14	0.60
英岩协会	0.14	0.24	0.36	0.14	0.60	0.66	0.67	0.14	0.62	0.14	0.14	0.66	0.23	0.71	0.60	0.14	0.41	0.14	0.85
伍岭协会	0.85	0.16	0.36	0.32	0.60	0.66	0.14	0.53	0.58	0.41	0.14	0.66	0.76	0.14	0.14	0.14	0.63	0.14	0.14
长兴协会	0.33	0.24	0.29	0.32	0.60	0.60	0.41	0.22	0.66	0.14	0.14	0.66	0.76	0.39	0.14	0.14	0.14	0.14	0.60
子陵协会	0.33	0.74	0.21	0.60	0.71	0.75	0.14	0.41	0.50	0.14	0.14	0.14	0.67	0.81	0.38	0.41	0.14	0.60	0.14
永圣协会	0.29	0.48	0.25	0.22	0.60	0.60	0.41	0.14	0.55	0.14	0.14	0.29	0.72	0.14	0.14	0.04	0.36	0.14	0.14
总干渠二支渠协会	0.33	0.16	0.57	0.88	0.60	0.66	0.60	0.14	0.58	0.56	0.31	0.14	0.48	0.35	0.14	0.43	0.74	0.14	0.60

续表 6-6

协会名称	协会组织建设综合指标 C_1	协会职能综合指标 C_2	协会认知程度综合指标 C_3	农户参与协会程度综合指标 C_4	协会与外部组织关系综合指标 C_5	工程维护综合指标 C_6	工程完好率指标 C_7	渠道水利用系数指标 C_8	灌溉水分配及影响综合指标 C_9	单位面积灌水量指标 C_{10}	水费收取率指标 C_{11}	用水矛盾程度综合指标 C_{12}	供水技术劳变化程度综合指标 C_{13}	用水计量方式综合指标 C_{14}	协会收支比例指标 C_{15}	单位面积灌水稻产量指标 C_{16}	灌溉水分生产率指标 C_{17}	对相关单位影响综合指标 C_{18}	单位灌溉用水收益指标 C_{19}
总干渠一支渠协会	0.14	0.24	0.53	0.14	0.60	0.59	0.14	0.22	0.14	0.60	0.31	0.29	0.78	0.14	0.30	0.14	0.95	0.14	0.14
总干渠二分渠协会	0.29	0.87	0.74	0.95	0.60	0.60	0.67	0.27	0.14	0.56	0.27	0.29	0.79	0.35	0.14	0.43	0.74	0.60	0.14
脚东协会	0.33	0.24	0.80	0.67	0.60	0.60	0.76	0.27	0.50	0.60	0.22	0.77	0.36	0.81	0.14	0.41	0.82	0.57	0.14
绿林山协会	0.60	0.39	0.38	0.94	0.60	0.84	0.14	0.31	0.89	0.19	0.31	0.14	0.60	0.35	0.17	0.19	0.48	0.14	0.86
丁场协会	0.29	0.24	0.71	0.26	0.60	0.85	0.14	0.14	0.14	0.29	0.67	0.64	0.14	0.35	0.14	0.60	0.75	0.60	0.14
二干渠二支渠协会	0.14	0.16	0.80	0.14	0.60	0.46	0.14	0.14	0.31	0.60	0.14	0.14	0.87	0.51	0.14	0.14	0.60	0.52	0.60
三支渠协会	0.33	0.16	0.25	0.60	0.74	0.60	0.41	0.22	0.50	0.60	0.14	0.14	0.60	0.14	0.14	0.14	0.60	0.60	0.60
五分支协会	0.14	0.16	0.60	0.55	0.60	0.66	0.33	0.41	0.81	0.14	0.14	0.48	0.64	0.14	0.14	0.43	0.43	0.52	0.14
二干渠一分干协会	0.14	0.16	0.50	0.31	0.60	0.89	0.22	0.22	0.47	0.14	0.14	0.66	0.46	0.22	0.14	0.14	0.14	0.74	0.14
许岗协会	0.61	0.24	0.64	0.14	0.60	0.88	0.14	0.53	0.50	0.56	0.14	0.14	0.59	0.14	0.14	0.85	0.97	0.14	0.60
纪山协会	0.60	0.48	0.60	0.60	0.60	0.60	0.33	0.14	0.60	0.26	0.41	0.29	0.60	0.33	0.14	0.14	0.41	0.14	0.14
四支渠协会	0.14	0.24	0.89	0.40	0.60	0.60	0.67	0.85	0.74	0.14	0.14	0.64	0.60	0.14	0.14	0.14	0.14	0.57	0.14
大房湾协会	0.85	0.24	0.26	0.14	0.47	0.69	0.14	0.14	0.52	0.60	0.14	0.14	0.60	0.22	0.14	0.85	0.70	0.57	0.14
董岗协会	0.14	0.16	0.47	0.94	0.81	0.95	0.85	0.22	0.43	0.90	0.14	0.14	0.18	0.35	0.14	0.24	0.99	0.14	0.14
六支渠协会	0.60	0.48	0.60	0.60	0.60	0.60	0.67	0.67	0.82	0.14	0.14	0.29	0.69	0.81	0.14	0.14	0.14	0.57	0.60
川店镇协会	0.29	0.48	0.60	0.60	0.60	0.60	0.33	0.31	0.58	0.41	0.14	0.14	0.60	0.24	0.14	0.14	0.57	0.14	0.60
老二干协会	0.85	0.14	0.64	0.60	0.71	0.56	0.22	0.60	0.50	0.60	0.14	0.29	0.60	0.14	0.14	0.14	0.67	0.74	0.60
曹岗协会	0.85	0.16	0.38	0.69	0.60	0.84	0.14	0.67	0.57	0.60	0.22	0.48	0.60	0.14	0.14	0.14	0.60	0.14	0.70
胜利协会	0.33	0.48	0.36	0.14	0.74	0.78	0.22	0.14	0.14	0.60	0.67	0.48	0.60	0.35	0.19	0.74	0.62	0.68	0.14
三干渠三分干协会	0.14	0.24	0.98	0.60	0.60	0.60	0.95	0.67	0.42	0.60	0.14	0.90	0.25	0.64	0.14	0.85	0.95	0.60	0.60
兴隆协会	0.85	0.87	0.30	0.91	0.43	0.66	0.67	0.67	0.63	0.60	0.53	0.60	0.95	0.22	0.14	0.85	0.70	0.57	0.64

表6-7 漳河灌区农民用水户协会评价指标与V级指标性能（劣）的关联离散数值

协会名称	协会组建综合能力综合指标 C_1	协会职能综合指标 C_2	协会认知程度综合指标 C_3	农户参与协会与协会外部组织关系程度综合指标 C_4	与协会外部组织关系综合指标 C_5	工程完护综合指标 C_6	工程维护好率综合指标 C_7	渠道水利用系数指标 C_8	灌溉水分配及影响系数综合指标 C_9	单位面积灌水量指标 C_{10}	水费收取率指标 C_{11}	用水矛盾程度综合指标 C_{12}	供水投劳变化程度综合指标 C_{13}	用水计量方式综合指标 C_{14}	协会收支比指标 C_{15}	单位面积水稻产量指标 C_{16}	灌溉水分生产率指标 C_{17}	对相关单位影响综合指标 C_{18}	单位灌溉用水收益指标 C_{19}
马山协会	1.00	0.01	0.02	1.00	1.00	0.89	0.38	0.00	0.34	0.00	0.06	0.00	0.00	0.48	0.00	0.00	0.06	0.31	0.12
靳巷协会	0.02	0.07	0.26	0.55	1.00	0.91	0.20	0.06	0.26	1.00	0.00	0.45	1.00	0.30	0.00	0.00	0.54	1.00	0.69
仓库协会	0.00	0.07	0.44	0.69	1.00	0.00	0.00	0.00	0.34	0.50	0.00	0.00	0.00	0.00	0.00	0.50	0.71	0.00	0.00
许山协会	0.02	0.01	0.50	0.20	1.00	1.00	0.20	0.64	0.26	0.50	0.00	0.25	0.80	0.15	0.00	0.50	0.71	0.00	0.50
周坪协会	0.00	0.25	0.49	1.00	1.00	1.00	0.64	0.38	0.34	1.00	0.00	0.11	0.16	0.07	0.00	0.50	0.00	0.31	1.00
勤俭协会	0.11	0.70	1.00	1.00	1.00	1.00	0.14	1.00	1.00	1.00	0.00	0.00	0.89	0.00	0.00	0.20	1.00	0.31	0.20
官湾协会	1.00	0.07	1.00	1.00	1.00	1.00	0.00	1.00	1.00	0.50	0.00	0.11	0.80	0.45	0.00	0.09	0.55	0.31	1.00
鸦铺协会	0.11	0.70	0.54	1.00	1.00	0.24	0.14	0.20	0.09	0.50	0.00	0.13	0.44	0.45	0.00	0.50	0.71	0.31	0.32
吕岗协会	0.00	0.01	1.00	1.00	1.00	1.00	0.00	0.00	0.00	0.20	0.00	0.91	0.07	0.00	0.00	0.50	0.56	0.00	1.00
周湾协会	0.34	0.07	0.11	0.12	1.00	1.00	0.14	1.00	0.36	0.20	0.13	0.00	0.16	0.15	0.00	0.20	0.45	1.00	0.64
九龙协会	0.80	0.27	0.07	1.00	1.00	1.00	0.00	0.10	1.00	0.30	0.00	0.00	0.80	0.18	0.07	0.00	0.41	0.31	0.20
洪庙协会	0.00	0.01	0.83	1.00	1.00	0.24	0.06	0.00	0.23	1.00	0.00	0.00	0.28	0.15	0.00	0.21	0.84	1.00	0.50
贺集协会	1.00	0.70	0.09	0.03	0.86	1.00	1.00	0.00	0.96	1.00	0.38	0.36	0.62	0.50	0.03	0.00	0.86	1.00	0.09
五一协会	0.00	0.25	0.46	0.47	0.43	1.00	1.00	0.00	0.52	1.00	0.02	0.91	0.08	0.00	0.00	0.09	0.82	0.31	0.00
雷坪协会	0.50	0.25	1.00	1.00	1.00	1.00	0.13	0.38	1.00	1.00	0.00	0.91	0.16	0.11	0.00	0.20	0.88	0.00	1.00
英岩协会	0.00	0.07	0.16	0.29	1.00	0.91	0.38	0.00	0.35	0.20	0.11	0.11	0.07	0.41	1.00	0.00	0.20	0.00	0.50
伍架协会	0.50	0.01	0.16	0.00	1.00	1.00	0.00	0.29	0.32	0.20	0.00	0.91	0.80	0.00	0.00	0.00	0.35	0.00	0.00
长兴协会	0.14	0.07	0.11	0.13	1.00	1.00	0.20	0.06	0.91	0.00	0.00	0.91	0.80	0.18	0.00	0.20	0.00	1.00	1.00
于陵协会	0.14	0.43	0.05	1.00	0.86	0.44	0.00	0.20	0.26	0.00	0.00	0.00	0.89	0.48	0.18	-0.08	0.00	1.00	0.00
永圣协会	0.11	0.25	0.08	0.06	1.00	1.00	0.20	0.00	0.30	0.00	0.00	0.11	0.42	0.00	0.00	0.21	0.16	0.00	0.00
总干渠二支渠协会	0.14	0.01	0.31	0.53	1.00	0.91	1.00	0.00	0.32	0.30	0.13	0.25	0.25	0.15	0.00	0.21	0.43	0.00	1.00

协会名称	协会组建综合指标 C_1	协会职能综合指标 C_2	协会认知程度综合指标 C_3	农户参与协会程度综合指标 C_4	协会与外部组织关系指标 C_5	工程维护综合指标 C_6	工程完好率综合指标 C_7	渠道水利用系数指标 C_8	灌溉水分配及影响综合指标 C_9	单位面积灌水量指标 C_{10}	水费收取率指标 C_{11}	用水矛盾程度综合指标 C_{12}	供水投劳变化程度综合指标 C_{13}	用水计量方式综合指标 C_{14}	协会收支比例指标 C_{15}	单位面积水稻产量指标 C_{16}	灌溉水分生产率指标 C_{17}	对相关单位影响综合指标 C_{18}	单位灌溉用水收益指标 C_{19}
总干渠一支渠协会	0.00	0.07	0.28	0.00	1.00	0.99	0.00	0.06	0.00	1.00	0.13	0.11	0.46	0.00	0.12	0.00	0.64	0.00	0.00
总干渠二分渠协会	0.11	0.70	0.43	0.64	1.00	1.00	0.38	0.10	0.00	0.30	0.10	0.11	0.76	0.15	0.00	0.21	0.43	1.00	0.00
脚东协会	0.14	0.07	0.47	0.89	1.00	1.00	0.80	0.10	0.26	1.00	0.06	0.45	0.16	0.48	0.00	0.20	0.74	0.31	0.00
绿林山协会	1.00	0.18	0.18	0.56	1.00	0.50	0.00	0.13	0.53	0.04	0.13	0.00	1.00	0.15	0.02	0.21	0.25	0.00	0.70
丁场协会	0.11	0.07	0.41	0.09	1.00	0.71	0.00	0.00	0.00	0.11	0.38	0.36	0.00	0.15	0.00	0.33	0.43	1.00	0.00
二干渠二支渠协会	0.00	0.01	0.76	1.00	1.00	0.23	0.00	0.00	0.13	1.00	0.00	0.00	0.51	0.27	0.00	0.00	1.00	0.28	1.00
三支渠协会	0.14	0.01	0.08	1.00	0.43	1.00	0.20	0.06	0.26	1.00	0.00	0.00	1.00	0.00	0.00	0.00	1.00	1.00	1.00
五分支协会	0.00	0.01	0.33	0.30	1.00	0.91	0.14	0.20	0.75	0.00	0.00	0.25	0.36	0.06	0.00	0.21	0.22	0.28	0.00
二干渠一分干协会	0.00	0.01	0.26	0.12	1.00	0.53	0.06	0.06	0.24	0.00	0.00	0.91	0.23	0.00	0.00	0.00	0.00	0.43	0.00
许岗协会	0.34	0.07	0.36	0.19	1.00	0.53	0.00	0.29	0.26	0.30	0.00	0.00	0.32	0.14	0.00	0.50	0.62	0.00	1.00
纪山协会	1.00	0.25	1.00	1.00	1.00	1.00	0.14	0.00	1.00	0.09	0.20	0.11	1.00	0.00	0.00	0.00	0.20	0.00	0.00
四支渠协会	0.00	0.07	0.67	0.19	1.00	1.00	0.38	0.50	0.81	0.00	0.00	0.36	1.00	0.06	0.00	0.00	0.00	0.31	0.00
大房湾协会	0.50	0.07	0.09	0.07	0.24	0.40	0.00	0.00	0.28	1.00	0.00	0.00	0.33	0.15	0.00	0.50	0.86	0.31	0.00
董岗协会	0.00	0.01	0.24	0.56	0.75	0.57	0.50	0.06	0.21	0.67	0.00	0.00	0.03	0.48	0.00	0.07	0.59	0.00	0.00
六支渠协会	1.00	0.25	1.00	1.00	1.00	1.00	0.38	0.38	0.74	0.00	0.00	0.11	1.00	0.07	0.00	0.00	0.00	0.31	1.00
川店镇协会	0.11	0.25	1.00	1.00	1.00	1.00	0.14	0.13	0.32	0.20	0.00	0.00	0.88	0.00	0.00	0.00	0.31	0.00	1.00
老二干协会	0.50	0.00	0.36	1.00	0.86	0.31	0.06	1.00	0.26	1.00	0.06	0.11	1.00	0.00	0.00	0.00	0.38	0.43	1.00
曹岗协会	0.50	0.01	0.18	0.87	1.00	0.50	0.00	0.38	0.31	1.00	0.06	0.25	1.00	0.15	0.00	0.00	1.00	0.00	0.87
胜利协会	0.14	0.25	0.16	0.00	0.43	0.46	0.06	0.38	0.21	1.00	0.38	0.25	0.08	0.36	0.03	0.43	0.97	0.39	0.00
三干渠三分干协会	0.00	0.07	0.61	0.00	1.00	1.00	0.64	0.38	0.21	0.33	0.00	0.54	0.64	0.36	0.00	0.50	0.64	1.00	0.33
兴隆协会	0.50	0.70	0.12	0.67	0.21	0.91	0.38	0.38	0.36	1.00	0.29	1.00	0.64	0.06	0.00	0.50	0.40	0.31	0.36

表 6-8　漳河灌区各农民用水户协会与各评价等级的关联度

协会名称	优（Ⅰ）	良（Ⅱ）	中（Ⅲ）	差（Ⅳ）	劣（Ⅴ）	所属级别
马山协会	0.597 7	0.547 3	0.491 6	0.396 9	0.279 0	优
靳巷协会	0.408 0	0.495 3	0.527 0	0.527 3	0.431 8	差
仓库协会	0.638 9	0.518 4	0.464 9	0.422 8	0.2524	优
许山协会	0.386 7	0.506 3	0.555 0	0.568 7	0.427 2	差
周坪协会	0.440 3	0.490 2	0.557 6	0.494 5	0.407 9	中
勤俭协会	0.311 4	0.398 5	0.428 6	0.481 2	0.610 9	劣
官湾协会	0.427 3	0.439 3	0.438 5	0.465 9	0.484 0	劣
鸦铺协会	0.309 6	0.481 3	0.571 2	0.567 4	0.510 1	中
吕岗协会	0.549 9	0.492 5	0.433 2	0.420 5	0.357 2	优
周湾协会	0.497 1	0.653 3	0.565 9	0.431 0	0.319 5	良
九龙协会	0.457 0	0.538 3	0.527 7	0.451 2	0.395 3	良
洪庙协会	0.557 9	0.518 2	0.443 2	0.381 1	0.346 9	优
贺集协会	0.359 9	0.409 0	0.442 2	0.513 4	0.539 2	劣
五一协会	0.423 1	0.448 5	0.502 9	0.516 7	0.443 3	差
雷坪协会	0.310 4	0.437 5	0.500 8	0.528 7	0.559 9	劣
英岩协会	0.552 7	0.582 8	0.538 3	0.406 0	0.299 7	良
伍架协会	0.538 5	0.535 9	0.541 3	0.452 4	0.308 7	中
长兴协会	0.515 4	0.559 1	0.442 1	0.392 1	0.376 7	良
子陵协会	0.509 4	0.568 7	0.546 8	0.446 8	0.326 3	良
永圣协会	0.667 9	0.609 1	0.474 2	0.310 6	0.200 8	优
总干渠二支渠协会	0.487 8	0.536 0	0.529 6	0.462 8	0.360 4	良
总干渠一支渠协会	0.637 0	0.586 2	0.457 3	0.386 8	0.246 2	优
总干渠二分渠协会	0.414 7	0.546 7	0.572 0	0.513 7	0.396 0	中
脚东协会	0.382 4	0.522 1	0.530 1	0.519 9	0.445 1	中
绿林山协会	0.512 2	0.599 8	0.552 5	0.450 2	0.310 4	良
丁场协会	0.599 8	0.610 0	0.557 4	0.398 2	0.239 7	良
二干渠二支渠协会	0.620 7	0.517 8	0.430 9	0.344 6	0.304 3	优
三支渠协会	0.475 2	0.496 7	0.437 8	0.394 6	0.437 5	良
五分支协会	0.567 3	0.604 7	0.562 0	0.426 0	0.261 1	良
二干渠一分干协会	0.632 9	0.624 5	0.518 1	0.375 9	0.213 1	优
许岗协会	0.528 8	0.551 0	0.581 4	0.470 5	0.300 7	中
纪山协会	0.452 5	0.526 3	0.463 0	0.429 9	0.433 9	良
四支渠协会	0.480 1	0.482 0	0.499 0	0.475 1	0.391 9	中
大房湾协会	0.564 6	0.573 9	0.534 9	0.430 6	0.281 3	良
董岗协会	0.542 3	0.576 7	0.554 1	0.486 8	0.271 5	良
六支渠协会	0.377 0	0.416 3	0.514 2	0.512 9	0.503 0	中
川店镇协会	0.480 3	0.556 1	0.510 6	0.413 8	0.386 8	良
老二干协会	0.444 5	0.499 8	0.500 1	0.442 3	0.432 1	中
曹岗协会	0.441 0	0.472 0	0.528 7	0.471 1	0.427 0	中
胜利协会	0.477 1	0.538 0	0.585 8	0.473 7	0.350 8	中
三干渠三分干协会	0.329 0	0.468 9	0.595 5	0.602 6	0.483 1	差
兴隆协会	0.289 2	0.481 4	0.666 4	0.631 7	0.479 4	中

6.2.6 漳河灌区农民用水户协会绩效综合评价

6.2.6.1 综合评价结果

根据用水户协会与各等级指标的关联度的大小,选取关联度最大的值所在的级别为该协会相应的级别,将漳河灌区用水户协会进行"优"、"良"、"中"、"差"、"劣"的级别分类,结果见表6-8。42个协会绩效的归类结果表明,用水户协会评价结果处于绩效"优"的有8个、"良"的有14个、"中"的有12个、"差"的有4个、"劣"的有4个,处于"良"以上级别的用水户协会占52.4%,可见漳河灌区用水户协会绩效总体偏好。

以上只针对资料全面的42个协会进行了分类,其余13个协会由于收集资料不全,不能进行灰色关联度的计算,这里依据部分调查资料及指标计算分析,经与灌区管理人员及参与调查的人员讨论,进行主观分类,将13个协会分别分为"差"(8个)及"劣"(5个),汇总后的漳河灌区农民用水户协会绩效评价结果分类结果见表6-9。

表6-9　漳河灌区农民用水户协会绩效评价结果分类表

分类类型	个数(个)	协会名称
优	8	总干渠:一支渠协会;二干渠:二支渠协会、马山协会、一分干协会;三干渠:仓库协会、吕岗协会、洪庙协会;四干渠:永圣协会
良	14	总干渠:二支渠协会;一干渠:绿林山协会、丁场协会;二干渠:三支渠协会、五分支协会、纪山协会、大房湾协会、董岗协会、川店镇协会;三干渠:周湾协会、九龙协会;四干渠:英岩协会、长兴协会、子陵协会
中	12	总干渠:二分渠协会;一干渠:曹岗协会、胜利协会、脚东协会;二干渠:四支渠协会、六支渠协会、许岗协会、老二干协会;三干渠:周坪协会、鸦铺协会、兴隆协会;四干渠:伍架协会
差	12	总干渠:凤凰协会*、一分渠协会*;三干渠:靳巷协会、许山协会、三干渠三分干协会、陈集协会*、五岭协会*、双岭协会*、邓冲协会*、陈池协会*;四干渠:陶何协会*、五一协会
劣	9	三干渠:勤俭协会、雷坪协会、楝树协会*、官湾协会、斗笠协会*;四干渠:田湾协会*、邓庙协会*、伍桐协会*、贺集协会

注:带"*"号的为资料不全,采用直观分类的结果。

可见,漳河灌区55个农民用水户协会中,综合绩效处于"优"、"良"、"中"、"差"、"劣"所占的比例分别为14.5%、25.5%、21.8%、21.8%、16.4%,绩效中等偏上的协会所占比例为61.8%,表明漳河灌区农民用水户协会绩效总体较好,但还有38.2%的协会绩效处于"差"或"劣"的级别,表明在协会组织建设及运行管理中还存在许多问题,协会绩效还有待进一步提高。

6.2.6.2 直观评价与灰色关联分类综合评价结果的对比分析

在第4章中,通过直观对比分析对漳河灌区内的55个农民用水户协会进行直观分类评价,将55个协会分为15个运行较好的协会、27个运行一般的协会和13个运行较差的协会。灰色关联法与直观对比分析两种方法的分类结果对比见表6-10。

表6-10　灰色关联综合评价和直观评价分类结果比较

灰色关联法综合评价分类结果		直观评价分类结果	
优(8个)	总干渠:一支渠协会;二干渠:二支渠协会、一分干协会、马山协会;三干渠:仓库协会、吕岗协会、洪庙协会;四干渠:永圣协会	较好(15个)	总干渠:一支渠协会、二支渠协会;一干渠:丁场协会;二干渠:二支渠协会、二干渠一分干协会、川店镇协会、老二干协会、董岗协会;三干渠:仓库协会、洪庙协会、吕岗协会、周坪协会;四干渠:永圣协会、子陵协会、英岩协会
良(14个)	总干渠:二支渠协会;一干渠:绿林山协会、丁场协会;二干渠:三支渠协会、川店镇协会、五分支协会、纪山协会、大房湾协会、董岗协会;三干渠:周湾协会、九龙协会;四干渠:英岩协会、长兴协会、子陵协会		
中(12个)	总干渠:二分渠协会;一干渠:脚东协会、曹岗协会、胜利协会;二干渠:四支渠协会、六支渠协会、许岗协会、老二干协会;三干渠:兴隆协会、周坪协会、鸦铺协会;四干渠:伍架协会	一般(27个)	总干渠:二分渠协会、凤凰协会、总干一分干协会;一干渠:绿林山协会、脚东协会、胜利协会、曹岗协会;二干渠:马山协会、许岗协会、四支渠协会、六支渠协会、三支渠协会、五分支协会、纪山协会、大房湾协会;三干渠:周湾协会、九龙协会、雷坪协会、陈集协会、双岭协会、官湾协会、鸦铺协会、三干渠三分干协会、靳巷协会;四干渠:长兴协会、伍架协会、五一协会
差(12个)	总干渠:一分渠协会、凤凰协会;三干渠:靳巷协会、许山协会、三干渠三分干协会、陈集协会、五岭协会、双岭协会、邓冲协会、陈池协会;四干渠:陶何协会、五一协会	较差(13个)	总干渠:一分渠协会;三干渠:斗笠协会、五岭协会、栋树协会、陈池协会、兴隆协会、勤俭协会、邓冲协会;四干渠:伍桐协会、邓庙协会、陶何协会、贺集协会、田湾协会
劣(9个)	三干渠:勤俭协会、官湾协会、雷坪协会、栋树协会、斗笠协会;四干渠:田湾协会、邓庙协会、伍桐协会、贺集协会		

从表6-10中可以看出,直观评价"较好"的15个农民用水户协会在灰色关联法综合评价时,除周坪协会和老二干协会两个协会落入综合评价分类"中"以外,其余的协会均进入综合评价"优"和"良"两个分类结果中。

直观评价分类"一般"的27个农名用水户协会中,在灰色关联法综合评价分类时马山协会进入"优"类,周湾协会、九龙协会、英岩协会、长兴协会、总干渠二支渠协会、绿林山协会、三支渠协会、五分支协会、纪山协会、大房湾协会等10个协会进入"良"类,靳巷协会、五一协会、三干渠三分干协会、陈集协会、凤凰协会、总干渠一分渠协会等6个协会进入"差"类;官湾协会、雷坪协会等2个协会进入"劣"类。

直观评价分类"较差"的 13 个农民用水户协会中,斗笠协会、楝树协会、田湾协会、邓庙协会、伍桐协会、勤俭协会、贺集协会等 7 个协会进入灰色关联法综合评价"劣"类,剩余的仍然为"差"类。

可见,直观评价分类和综合评价分类基本一致,但因为方法的本质不同,也有一部分协会绩效分类存在较大差异。

6.2.6.3 灌区层面上用水户协会各评价指标绩效优劣程度评价

寻求整个漳河灌区农民用水户协会绩效评价指标的优劣,从而了解农民用水户协会整体在哪些指标方面做得效果较为突出或者说有很好的绩效,哪些指标效果不明显或者绩效不良。这样在总结整个灌区农民用水户协会实际绩效、经验等时就可以有的放矢,明确重点。

评价指标的分类仍然依据灰色关联法的结果,在求得各农民用水户协会各评价指标与不同等级"优"、"良"、"中"、"差"、"劣"(Ⅰ、Ⅱ、Ⅲ、Ⅳ、Ⅴ)关联离散函数值(见表 6-3 ~ 表 6-7)后,在每一个等级关联离散度下,对灌区内 42 个农民用水户协会的同一个评价指标求得其关联离散函数值的算术平均值,从而得到灌区层面上的评价指标与不同等级"优"、"良"、"中"、"差"、"劣"(Ⅰ、Ⅱ、Ⅲ、Ⅳ、Ⅴ)的关联离散函数值,见表 6-11。

再依据灰色关联法,选择关联离散函数值最大的值所在的级别,从而相应的对评价指标进行了分类。见表 6-11。

表 6-11 灌区层面评价指标关联离散函数值及其级别分类

	评价指标	指标类型	优(Ⅰ)	良(Ⅱ)	中(Ⅲ)	差(Ⅳ)	劣(Ⅴ)	级别分类
协会组织建设指标	协会组建综合指标	定性	0.58	0.6	0.489	0.38	0.287	良
	协会职能综合指标	定性	0.655	0.661	0.525	0.352	0.177	良
	协会认知程度综合指标	定性	0.364	0.564	0.613	0.538	0.421	中
	农户参与协会程度综合指标	定性	0.319	0.409	0.461	0.522	0.57	劣
	协会与外部组织关系综合指标	定性	0.044	0.204	0.397	0.601	0.906	劣
工程状况及维护指标	工程维护综合指标	定性	0.099	0.257	0.456	0.624	0.806	劣
	工程完好率指标	定量	0.599	0.639	0.536	0.376	0.241	良
	渠道水利用系数指标	定量	0.678	0.636	0.521	0.339	0.179	优
灌溉用水管理指标	灌溉水分配及影响综合指标	定性	0.353	0.534	0.673	0.521	0.43	中
	单位面积灌水量指标	定量	0.403	0.455	0.494	0.471	0.482	中
	水费收取率指标	定量	0.864	0.655	0.431	0.216	0.058	优
	用水矛盾程度综合指标	定性	0.596	0.601	0.508	0.376	0.266	良
	供水投劳变化程度综合指标	定性	0.311	0.454	0.53	0.552	0.53	差
	用水计量方式综合指标	定性	0.651	0.702	0.56	0.351	0.166	良
经济效益指标	协会收支比例指标	定量	0.944	0.614	0.353	0.164	0.034	优
	单位面积水稻产量指标	定量	0.694	0.609	0.503	0.358	0.157	优
	灌溉水分生产率指标	定量	0.318	0.436	0.567	0.614	0.499	差
	对相关单位影响综合指标	定性	0.511	0.496	0.559	0.41	0.363	中
	单位灌溉用水收益指标	定量	0.248	0.364	0.498	0.628	0.61	差

从表6-11可知,漳河灌区用水户协会在渠道水利用系数指标、水费收取率指标、协会收支比例指标、单位面积水稻产量指标等方面达到了绩效"优"的级别;在协会组建综合指标、协会职能综合指标、工程完好率指标、用水矛盾程度综合指标、用水计量方式综合指标等方面达到绩效"良"的级别,即协会在这两个级别的评价指标方面都取得了较好的成绩;在协会认知程度综合指标、灌溉水分配及影响综合指标、单位面积灌水量指标、对相关单位影响综合指标等方面处于绩效"中"的级别,有进一步提高的潜力;在供水投劳变化程度综合指标、灌溉水分生产率指标、单位灌溉用水收益指标等方面处于绩效"差"的级别;在农户参与协会程度综合指标、协会与外部组织关系综合指标、工程维护综合指标方面处于绩效"劣"的级别,是目前存在的主要问题,也是今后应加强改善的主要方面。

6.3 本章小结

基于灰色关联法的综合评价方法考虑了农民用水户协会绩效综合评价的多因素、多指标、多目标的特征。通过层次分析法和熵值法相结合的评价指标综合权重确定,使确定权重时的主客观信息都能够得以体现,消除了主观或客观单一方法确定权重的不利影响。

运用灰色关联法对漳河灌区42个用水户协会进行绩效综合评价,结果表明,用水户协会评价结果处于绩效"优"的有8个、"良"的有14个、"中"的有12个、"差"的有4个、"劣"的有4个,处于"良"以上级别的用水户协会占52.4%,可见漳河灌区用水户协会绩效总体偏好。将其他13个没有完整资料的协会经主观判断分成"差"或"劣"类后,漳河灌区55个用水户协会绩效处于中等偏上的协会所占比例为61.8%,表明漳河灌区农民用水户协会绩效总体较好,但还有38.2%的协会绩效处于"差"或"劣"的级别,表明在协会组织建设及运行管理中还存在许多问题,协会绩效还有待进一步提高。

对漳河灌区用水户协会19个评价指标平均值进行优劣评价分类,结果表明,协会收支比例指标、水费收取率指标、单位面积水稻产量指标、渠道水利用系数指标等评价指标处于"优"的级别;农户参与协会程度综合指标、协会与外部组织关系综合指标、工程维护综合指标等评价指标处于"劣"的级别,是今后改善的主要方面。

第7章　基于模糊物元分析的农民用水户协会绩效综合评价

物元分析理论以促进事物转化、解决不相容问题为核心,适用于多因子评价问题。模糊物元分析方法(Fuzzy Matter Element Analysis,简称 FMEA)是在物元分析的基础上,结合模糊集合的概念提出的。FMEA 的核心是把模糊不相容问题转化为模糊相容问题来求解。目前,这一方法在工程技术领域以及经济领域内都取得了可喜的成绩。针对农民用水户协会绩效综合评价的指标繁多,且有不少单因子评价结果之间是不相容的特点,本章提出了农民用水户协会绩效综合评价的模糊物元分析方法。因为此方法在灌区农业水利管理应用中较少,此次应用在漳河灌区农民用水户协会绩效评价中,希望可拓展其应用范围,为灌区农业水资源管理决策分析提供一种新的数学方法。

7.1　模糊物元分析方法简介❶

物元分析方法(蔡文,1994)是我国学者蔡文教授于 1983 年提出的。其主要思想是把事物用"事物、特征、量值"三个要素来描述,并组成有序三元组的基本元,即物元。物元概念既包含了事物质的方面,也包含了事物量的方面,是一个承载定量信息和定性信息的完美载体。物元分析是研究物元及其变化规律,解决现实世界中的不相容问题的有效方法。

如果物元中的量值带有模糊性,便构成了模糊不相容问题。模糊物元分析就是把模糊数学和物元分析有机地结合在一起,对事物特征相应的量值所具有的模糊性和影响事物众多因素间的不相容性加以分析、综合,从而获得解决这类模糊不相容问题的一种新方法(张斌等,1997)。

若给定协会绩效评价各分项指标的等级标准,根据各个协会的实际量值来判断其综合状况,就是一个识别问题。它由"分级标准、评价指标、测值"组成物元,可以利用物元分析方法来对农民用水户协会绩效进行综合评价。

根据农民用水户协会运行过程中使用者、管理者的经验和知识,把协会各评价指标分成若干等级,并总结出各等级标准的数据范围。将待评价协会的各项实际指标代入各等级的集合中进行多指标评定。评定结果按它与某等级集合的关联度大小进行比较,关联度越大,它与某等级集合的符合程度就越佳,从而得到协会综合状况的评定等级。这实际上就构成了模糊物元。

❶本节主要内容是参考文献《物元模型及其应用》(蔡文,1994)和《模糊物元分析》(张斌,雍岐东,肖芳淳,1997)进行编写的。

7.1.1 模糊物元和复合模糊物元

任何事物都可以用"事物、特征、量值"这三个要素来加以描述,以便对事物作定性和定量分析与计算。用这些要素组成有序三元组来描述事物的基本元,即称为物元。如果其量值具有模糊性,便形成了"事物、特征、模糊量值"的有序三元组,这种物元被称为模糊物元,记为

$$R = \begin{bmatrix} & M \\ C & \mu(x) \end{bmatrix} \tag{7-1}$$

式中:R 为模糊物元;M 为事物;C 为事物 M 的特征;$\mu(x)$ 为与事物特征 C 相应的模糊量值,即事物 M 对其特征 C 相应量值 x 的隶属度。

如果事物 M 用 m 个特征(如评价指标总数)C_1、C_2、$\cdots$、C_m 及其相应的量值 $\mu(x_1)$、$\mu(x_2)$、$\cdots$、$\mu(x_m)$ 来描述,则称为 m 维模糊物元,即

$$R_m = \begin{bmatrix} & M \\ C_1 & \mu(x_1) \\ C_2 & \mu(x_2) \\ \vdots & \vdots \\ C_m & \mu(x_m) \end{bmatrix} \tag{7-2}$$

式中:R_m 为 m 维模糊物元;C_1、C_2、$\cdots$、C_m 为事物 M 的 m 个特征;$x_i(i=1,2,\cdots,m)$ 为事物特征 C_i 相应的量值;$\mu(x_i)$ 为事物特征 C_i 相应量值 x_i 的隶属度,其值可以根据隶属度函数确定。

若 n 个事物(如待评价协会总数)用其共同的 m 个特征 C_1、C_2、$\cdots$、C_m 及其相应的模糊量值 $\mu_1(x_{1i})$、$\mu_2(x_{2i})$、$\cdots$、$\mu_n(x_{ni})$($i=1,2,\cdots,m$)来描述,称其为 n 个事物的 m 维模糊复合物元,记作

$$R_{n\times m} = \begin{bmatrix} & M_1 & M_2 & \cdots & M_n \\ C_1 & \mu_1(x_{11}) & \mu_2(x_{21}) & \cdots & \mu_n(x_{n1}) \\ C_2 & \mu_1(x_{12}) & \mu_2(x_{22}) & \cdots & \mu_n(x_{n2}) \\ \vdots & \vdots & \vdots & & \vdots \\ C_m & \mu_1(x_{1m}) & \mu_2(x_{2m}) & \cdots & \mu_n(x_{nm}) \end{bmatrix} \tag{7-3}$$

式中:$R_{n\times m}$ 为 n 个事物的 m 维模糊复合物元;$M_j(j=1,2,\cdots,n)$ 为第 j 个事物;$\mu_j(x_{ji})$ 为第 j 个事物 M_j 的第 i 个特征 C_i 相应量值 $x_{ji}(j=1,2,\cdots,n;i=1,2,\cdots,m)$ 的隶属度。x_{ji} 的两个下标 j、i 分别表示事物(如农民用水户协会)的序号和事物特征(如评价指标)的序号,即物元的维数。

对具体事物来说,往往给出的是具体的量值,此时可将式(7-3)中的各模糊量值 $\mu_j(x_{ji})$ 用量值 x_{ji} 来表示,这种物元被称为 n 个事物的 m 维复合物元,即

$$R_{n \times m} = \begin{bmatrix} & M_1 & M_2 & \cdots & M_n \\ C_1 & x_{11} & x_{21} & \cdots & x_{n1} \\ C_2 & x_{12} & x_{22} & \cdots & x_{n2} \\ \vdots & \vdots & \vdots & & \vdots \\ C_m & x_{1m} & x_{2m} & \cdots & x_{nm} \end{bmatrix} \qquad (7\text{-}4)$$

式中:$R_{n \times m}$ 为 n 个事物的 m 维复合物元;x_{ji} 为第 j 个事物 M_j 的第 i 个特征 C_i 相应的量值;其余符号意义同前。

7.1.2 隶属度

7.1.2.1 经典域物元和节域物元

若式(7-4)中 M_j 表示所划分的 j 个评价类别,C_i 表示评价类别 M_j 对应的评价指标(特征);$x_{ji} = (a_{ji}, b_{ji})$ 表示评价指标 C_i 所对应的评价类别 M_j 的量值范围,即各个类别 M_j 关于对应的评价指标 C_i 所取的数据范围,称为经典域物元 R_j。

$$R_j = \begin{bmatrix} C_1 & (a_{j1}, b_{j1}) \\ C_2 & (a_{j2}, b_{j2}) \\ \vdots & \vdots \\ C_m & (a_{jm}, b_{jm}) \end{bmatrix} \qquad (7\text{-}5)$$

若 R_p 为评价类别的全体,$x_p = (a_{pi}, b_{pi})$ 表示 R_p 关于 C_i 对应的量值范围,则节域物元

$$R_p = \begin{bmatrix} C_1 & (a_{p1}, b_{p1}) \\ C_2 & (a_{p2}, b_{p2}) \\ \vdots & \vdots \\ C_m & (a_{pm}, b_{pm}) \end{bmatrix} \qquad (7\text{-}6)$$

这里需指出:研究结果表明,把经典域与节域重合在一起,符合实际,更为合理(肖芳淳,1995)。

7.1.2.2 隶属度

隶属度是两事物之间隶属性大小的关系。隶属度的大小由隶属函数确定,隶属度和隶属函数是模糊数学的基础,所以正确地确定隶属函数是运用模糊集合理论解决实际问题的基础。

众多的研究表明,分类参数的实测值均具有离散性,当观测次数较多时,可近似认为这些观测数据对同一类别的隶属函数为正态型。对于协会绩效评价,观测数据对同一类别的隶属函数可以表示为

$$\mu(x) = \exp\left[-\left(\frac{x-p}{q}\right)^2 \right] \qquad (7\text{-}7)$$

式中:p、q 为常数,$p > 0$,$q > 0$。

式(7-7)中,当 $x = p$ 时,$\mu(x) = 1$,取最大值。显然 p 是经典域物元 C_i 所对应的评价类别 M_j 的量值范围的平均值,即

$$p = \frac{a + b}{2} \tag{7-8}$$

式中:a、b 为对应于相应级别评价指标的上、下边界值,即第 6 章表 6-1 的值。

此外,经典域物元量值范围 (a, b) 的边界值是从一种级别到另一种级别的过渡值,也是一种模糊边界,应同时属于对应的两种级别,即两种级别的隶属度相等。因此有

$$\exp\left[-\left(\frac{a - b}{2q}\right)^2\right] \approx 0.5, q = \frac{|a - b|}{1.665} \tag{7-9}$$

所以,由式(7-8)、式(7-9)确定 p、q 后,对应第 j 个事物(评价类别,如协会) M_j 的第 i 个特征(评价指标) C_i 相应量值 $x_{ji}(j = 1, 2, \cdots, n; i = 1, 2, \cdots, m)$ 的隶属度可以由式(7-7)确定。

7.1.3 关联函数

7.1.3.1 **关联变换**

关联函数 $k(x)$ 用于刻画可拓集合,隶属度函数 $\mu(x)$ 则是刻画模糊集合;二者所含元素 x 的区别在于关联度函数较隶属度函数多一段有条件可以转化的量值范围。在经典域与节域重合的条件下,关联函数和隶属度函数二者等价,可以互换,只要确定其中任一函数,另一个函数也随之确定(张斌等,1997)。

当确知关联函数中某一特定值 x_{ji} 时,便可以求出其相应的函数值,称此函数值为关联系数,用 k_{ji} 表示,一般由隶属度函数 $\mu(x_{ji})$ 确定,则有

$$k_{ji} = \mu_{ji} = \mu(x_{ji}) \quad (j = 1, 2, \cdots, n; i = 1, 2, \cdots, m) \tag{7-10}$$

式中:k_{ji} 为第 i 个特征的第 j 个比较事物 M_j 与标准事物 M_0 之间的关联系数;μ_{ji} 或 $\mu(x_{ji})$ 为第 j 个比较事物 M_j 的第 i 个特征 C_i 相应量值 x_{ji} 的隶属度。

关联系数 k_{ji} 与隶属度 μ_{ji} 可以通过式(7-10)互相转换,这种转换被称为关联变换。根据关联变换,把式(7-3)中各个隶属度转换为相对应的关联系数,据此建立关联系数复合模糊物元,记为 R_k,即

$$R_k = \begin{bmatrix} & M_1 & M_2 & \cdots & M_n \\ C_1 & k_{11} & k_{21} & \cdots & k_{n1} \\ C_2 & k_{12} & k_{22} & \cdots & k_{n2} \\ \vdots & \vdots & \vdots & & \vdots \\ C_m & k_{1m} & k_{2m} & \cdots & k_{nm} \end{bmatrix} \tag{7-11}$$

7.1.3.2 **关联度**

关联度是两事物之间关联性大小的度量。若按关联变换求出的关联系数进行加权平均,则得第 j 个比较事物 M_j 与标准事物 M_0 之间的关联度,用 K_{0j} 表示,即

$$K_{0j} = W * K \quad (j = 1, 2, \cdots, n) \tag{7-12}$$

式中:K 为第 j 个事物 M_j 与标准事物 M_0 之间的关联系数向量;W 为第 j 个比较事物 M_j 与标准事物 M_0 之间的关联系数权重向量;$*$ 为运算符号。运算符号 $*$ 通常有几种模式(贺

仲雄,1982),其中,一种为$M(\cdot,+)$,表示先乘后加的运算,即

$$K_{0j} = \sum_{i=1}^{m} W_i \cdot k_{ji} \quad (j = 1, 2, \cdots, n) \tag{7-13}$$

式中符号意义同前。

考虑到农民用水户协会绩效评价中各指标相互影响的关系以及本书综合评价的意义,本章计算采用$M(\cdot,+)$(先乘后加)运算模式。设R表示n个关联度所组成的关联度复合模糊物元,则

$$R = R_w * R_k = \begin{bmatrix} & M_1 & M_2 & \cdots & M_n \\ K_j & K_1 & K_2 & \cdots & K_n \end{bmatrix} \tag{7-14}$$

式中:$K_j = \sum_{i=1}^{m} W_i \cdot k_{ji}, j = 1, 2, \cdots, n; R_w$为每个协会各指标复合物元;$W_i$为每个协会第$i$项评价指标的权重。

7.1.3.3　评判原则

求得关联度$K_j(j=1,2,\cdots,n)$,可以根据最大关联度原则确定评价对象的结果(陈守煜,1997)。从各事物的关联度中,确定其最大值K^*,作为评判原则,称此原则为最大关联度原则,即

$$K^* = \max[K_1, K_2, \cdots, K_n] \tag{7-15}$$

该原则用途广泛,既可对模糊物元作识别、聚类、评价和决策,也可对其价值进行分析,是模糊物元分析的理论基础之一。

根据式(7-14)确定关联度复合模糊物元后,本书采用最大关联度原则,判定农民用水户协会绩效综合评价等级。

7.1.4　基于模糊物元分析的农民用水户协会绩效综合评价的步骤

基于模糊物元分析的灌区农民用水户协会绩效综合评价的步骤如下:

(1)确定待评价协会对各个分级标准的隶属度。对协会进行评价时,通常将其分为h个等级,并考虑m个特征(评价指标)。通过7.1.2节隶属度的确定方法得到m个特征C_1、C_2、$\cdots$、C_m,对应的h个分级标准的隶属度$\mu_1(x_{1i})$、$\mu_2(x_{2i})$、$\cdots$、$\mu_h(x_{hi})$($i=1,2,\cdots,m$)。

(2)按照式(7-10),由隶属度函数$\mu(x_{ji})$确定关联系数k_{ji},并根据此关联系数建立待评价协会的复合模糊物元$R_{n\times m}$。

(3)按照$M(\cdot,+)$运算模式计算各评价指标对应分级标准的关联系数k_{ji}与各评价指标的关联系数权重向量W,得到农民用水户协会绩效评价对应分级标准的关联度,建立待评价协会的关联度复合模糊物元。

(4)根据最大关联度原则判断农民用水户协会所对应的分类,这样就得出所有的分类,然后得出绩效评价的最终结果。

(5)由步骤(1)和步骤(2)可以得到每个农民用水户协会的各个评价指标与不同等级

"优"、"良"、"中"、"差"、"劣"（Ⅰ、Ⅱ、Ⅲ、Ⅳ、Ⅴ）的关联系数。在每一个等级关联系数下，对灌区内 n 个农民用水户协会的同一个评价指标求得其关联系数的算术平均值，从而得到灌区层面上的评价指标与不同等级"优"、"良"、"中"、"差"、"劣"（Ⅰ、Ⅱ、Ⅲ、Ⅳ、Ⅴ）的关联系数。然后依据最大关联度原则，选择关联系数最大值所在的级别，从而对评价指标进行分类。

7.1.5　指标权重确定

关于指标权重的确定已经在第 5 章阐述。本章将采用层次分析法（主观法）与熵值法（客观法）相结合的方法确定各评价指标权重。层次分析法确定农民用水户协会绩效评价指标权重的过程及结果见第 5 章 5.2.2 节。熵值法确定农民用水户协会绩效评价指标权重的过程及结果见第 5 章 5.3.2 节。

实际上，无论是主观赋权法还是客观赋权法均存在着一定的不足，现结合这两种方法，将主、客观两种方法有机结合起来，使指标权重结果更为理想。指标综合权重的确定过程及结果见第 5 章 5.4 节。

7.2　基于模糊物元分析的漳河灌区农民用水户协会绩效综合评价

根据第 3 章建立的农民用水户协会绩效评价的指标体系，漳河灌区农民用水户协会的相关调查等以及第 5 章所确定的评价指标的权重，本节采用模糊物元分析法进行漳河灌区农民用水户协会绩效评价，并以定量化的数值表示评价结果，比较完整地反映了漳河灌区农民用水户协会的整体状况。

7.2.1　确定各评价协会对各分级标准的隶属度

根据第 3 章确定的灌区农民用水户协会绩效综合评价的评价指标，将评价指标等级分为"优"、"良"、"中"、"差"、"劣"5 个等级，依据相关经验划分指标各等级标准值，具体见第 6 章表 6-1。

根据在漳河灌区农民用水户协会的相关调查，并依据资料的完整性，选取 42 个农民用水户协会作为评价对象。

根据表 6-1 中各评价指标的分级范围，用式（7-8）和式（7-9）计算得到参数 p 和 q，如表 7-1 所示。

将各协会各指标的实测值及表 7-1 中 p、q 值代入式（7-7），得到各协会的复合模糊物元评价量值 M 对应的评价因素 C 的相应量值的隶属度 $\mu(x_{ji})$，以仓库协会为例（由于篇幅限制，本书只以仓库协会为例进行详细的计算），结果见表 7-2，其他协会隶属度的计算结果省略。

表 7-1 漳河灌区农民用水户协会各评价指标的参数 p、q 值

评价指标		评价等级				
		优	良	中	差	劣
协会组建综合指标 C_1	p	0.950 0	0.825 0	0.675 0	0.525 0	0.225 0
	q	0.060 1	0.090 1	0.090 1	0.090 1	0.270 3
协会职能综合指标 C_2	p	0.950 0	0.825 0	0.675 0	0.525 0	0.225 0
	q	0.060 1	0.090 1	0.090 1	0.090 1	0.270 3
协会认知程度综合指标 C_3	p	0.950 0	0.825 0	0.675 0	0.525 0	0.225 0
	q	0.060 1	0.090 1	0.090 1	0.090 1	0.270 3
农民参与协会程度综合指标 C_4	p	0.950 0	0.825 0	0.675 0	0.525 0	0.225 0
	q	0.060 1	0.090 1	0.090 1	0.090 1	0.270 3
协会与外部组织关系综合指标 C_5	p	0.950 0	0.825 0	0.675 0	0.525 0	0.225 0
	q	0.060 1	0.090 1	0.090 1	0.090 1	0.270 3
工程维护综合指标 C_6	p	0.950 0	0.825 0	0.675 0	0.525 0	0.225 0
	q	0.060 1	0.090 1	0.090 1	0.090 1	0.270 3
工程完好率指标 C_7	p	87.500 0	67.500 0	52.500 0	37.500 0	15.000 0
	q	15.015 0	9.009 0	9.009 0	9.009 0	18.018 0
渠道水利用系数指标 C_8	p	87.500 0	67.500 0	52.500 0	37.500 0	15.000 0
	q	15.015 0	9.009 0	9.009 0	9.009 0	18.018 0
灌溉水分配及影响综合指标 C_9	p	0.950 0	0.825 0	0.675 0	0.525 0	0.225 0
	q	0.060 1	0.090 1	0.090 1	0.090 1	0.270 3
单位面积灌水量指标 C_{10}	p	150.00	325.00	375.00	425.00	600.00
	q	180.180 2	30.030 0	30.030 0	30.030 0	180.180 2
水费收取率指标 C_{11}	p	122.50	87.50	72.50	57.50	25.00
	q	33.033 0	9.009 0	9.009 0	9.009 0	30.030 0
用水矛盾程度综合指标 C_{12}	p	0.950 0	0.825 0	0.675 0	0.525 0	0.225 0
	q	0.060 1	0.090 1	0.090 1	0.090 1	0.270 3
供水投劳变化程度综合指标 C_{13}	p	0.950 0	0.825 0	0.675 0	0.525 0	0.225 0
	q	0.060 1	0.090 1	0.090 1	0.090 1	0.270 3
用水计量方式综合指标 C_{14}	p	0.950 0	0.825 0	0.675 0	0.525 0	0.225 0
	q	0.060 1	0.090 1	0.090 1	0.090 1	0.270 3
协会收支比例指标 C_{15}	p	200.00	90.000 0	70.000 0	50.000 0	20.000 0
	q	120.12	12.012 0	12.012 0	12.012 0	24.024 0
单位面积水稻产量指标 C_{16}	p	825.00	575.000 0	525.00	475.00	225.00
	q	270.27	30.030 0	30.030 0	30.030 0	270.27
灌溉水分指标生产率 C_{17}	p	3.000 0	2.250 0	1.750 0	1.250 0	0.500 0
	q	0.600 6	0.300 3	0.300 3	0.300 3	0.600 6
对相关单位影响综合指标 C_{18}	p	0.950 0	0.825 0	0.675 0	0.525 0	0.225 0
	q	0.060 1	0.090 1	0.090 1	0.090 1	0.270 3
单位灌溉用水收益指标 C_{19}	p	0.090 0	0.065 0	0.055 0	0.045 0	0.020 0
	q	0.024 0	0.006 0	0.006 0	0.006 0	0.024 0

表 7-2　仓库协会各评价指标隶属度

评价指标	评价等级				
	优	良	中	差	劣
协会组建综合指标 C_1	0.500 0	0.023 0	0.000 0	0.000 0	0.000 3
协会职能综合指标 C_2	0.034 9	0.972 7	0.034 9	0.000 0	0.005 6
协会认知程度综合指标 C_3	0.000 0	0.005 6	0.688 9	0.328 9	0.118 1
农民参与协会程度综合指标 C_4	0.000 0	0.000 0	0.086 3	0.990 1	0.270 6
协会与外部组织关系综合指标 C_5	0.000 0	0.000 0	0.000 0	0.010 6	0.852 7
工程维护综合指标 C_6	0.062 5	0.925 9	0.023 0	0.000 0	0.004 8
工程完好率指标 C_7	0.779 2	0.145 9	0.000 1	0.000 0	0.000 0
渠道水利用系数指标 C_8	0.972 7	0.002 0	0.000 0	0.000 0	0.000 0
灌溉水分配及影响综合指标 C_9	0.000 0	0.058 0	0.999 5	0.067 3	0.064 1
单位面积灌水量指标 C_{10}	0.145 9	0.002 0	0.500 0	0.500 0	0.291 7
水费收取率指标 C_{11}	0.628 8	0.145 9	0.000 1	0.000 0	0.002 0
用水矛盾程度综合指标 C_{12}	0.500 0	0.023 0	0.000 0	0.000 0	0.000 3
供水投劳变化程度综合指标 C_{13}	0.895 0	0.257 1	0.000 3	0.000 0	0.001 1
用水计量方式综合指标 C_{14}	0.895 0	0.257 1	0.000 3	0.000 0	0.001 1
协会收支比例指标 C_{15}	0.500 0	0.500 0	0.002 0	0.000 0	0.000 0
单位面积水稻产量指标 C_{16}	0.235 5	0.002 0	0.500 0	0.500 0	0.355 1
灌溉水分指标生产率 C_{17}	0.000 2	0.000 0	0.062 5	1.000 0	0.210 3
对相关单位影响综合指标 C_{18}	0.500 0	0.023 0	0.000 0	0.000 0	0.000 3
单位灌溉用水收益指标 C_{19}	0.034 9	0.000 0	0.105 9	0.972 7	0.310 0

7.2.2　确定关联系数

研究结果表明,把经典域与节域重合在一起,符合实际,更为合理,因此在进行漳河灌区农民用水户协会绩效综合评价时,认为关联函数和隶属度函数二者等价,可以互换。根据式(7-10),有

$$k_{ji} = \mu(x_{ji}) \tag{7-16}$$

即关联系数与表 7-2 中的隶属度 $\mu(x_{ji})$ 一一对应。

7.2.3　确定各评价协会的复合模糊物元

根据表 7-2 以及式(7-16),将表 7-2 中的数据代入式(7-11),确定仓库协会的模糊复合物元 $R_{19\times5}$,即

$$R_{19\times5} = \begin{bmatrix} & M_1 & M_2 & M_3 & M_4 & M_5 \\ C_1 & 0.500\ 0 & 0.023\ 0 & 0.000\ 0 & 0.000\ 0 & 0.000\ 3 \\ C_2 & 0.034\ 9 & 0.972\ 7 & 0.034\ 9 & 0.000\ 0 & 0.005\ 6 \\ C_3 & 0.000\ 0 & 0.005\ 6 & 0.688\ 9 & 0.328\ 9 & 0.118\ 1 \\ C_4 & 0.000\ 0 & 0.000\ 0 & 0.086\ 3 & 0.990\ 1 & 0.270\ 6 \\ C_5 & 0.000\ 0 & 0.000\ 0 & 0.000\ 0 & 0.010\ 6 & 0.852\ 7 \\ C_6 & 0.062\ 5 & 0.925\ 9 & 0.023\ 0 & 0.000\ 0 & 0.004\ 8 \\ C_7 & 0.779\ 2 & 0.145\ 9 & 0.000\ 1 & 0.000\ 0 & 0.000\ 0 \\ C_8 & 0.972\ 7 & 0.002\ 0 & 0.000\ 0 & 0.000\ 0 & 0.000\ 0 \\ C_9 & 0.000\ 0 & 0.058\ 0 & 0.999\ 5 & 0.067\ 3 & 0.064\ 1 \\ C_{10} & 0.145\ 9 & 0.002\ 0 & 0.500\ 0 & 0.500\ 0 & 0.291\ 7 \\ C_{11} & 0.628\ 8 & 0.145\ 9 & 0.000\ 1 & 0.000\ 0 & 0.002\ 0 \\ C_{12} & 0.500\ 0 & 0.023\ 0 & 0.000\ 0 & 0.000\ 0 & 0.000\ 3 \\ C_{13} & 0.895\ 0 & 0.257\ 1 & 0.000\ 0 & 0.000\ 0 & 0.001\ 1 \\ C_{14} & 0.895\ 0 & 0.257\ 1 & 0.000\ 0 & 0.000\ 0 & 0.001\ 1 \\ C_{15} & 0.500\ 0 & 0.500\ 0 & 0.002\ 0 & 0.000\ 0 & 0.000\ 0 \\ C_{16} & 0.235\ 5 & 0.002\ 0 & 0.500\ 0 & 0.500\ 0 & 0.355\ 1 \\ C_{17} & 0.000\ 2 & 0.000\ 0 & 0.062\ 5 & 1.000\ 0 & 0.210\ 3 \\ C_{18} & 0.500\ 0 & 0.023\ 0 & 0.000\ 0 & 0.000\ 0 & 0.000\ 3 \\ C_{19} & 0.034\ 9 & 0.000\ 0 & 0.105\ 0 & 0.972\ 7 & 0.310\ 0 \end{bmatrix} \tag{7-17}$$

其他协会的模糊复合物元计算方法如上,结果省略。

7.2.4 确定各评价协会的关联度复合物元

在第5章5.4节中,由层次分析法和熵值法综合得到的权重构成权复合物元:

$$R_w = \begin{bmatrix} & C_1 & C_2 & C_3 & C_4 & C_5 & C_6 & C_7 & C_8 & C_9 & C_{10} \\ w & 0.033\ 8 & 0.042\ 5 & 0.039\ 9 & 0.054\ 1 & 0.040\ 2 & 0.076\ 8 & 0.060\ 6 & 0.101\ 1 & 0.056\ 4 & 0.055\ 2 \\ & C_{11} & C_{12} & C_{13} & C_{14} & C_{15} & C_{16} & C_{17} & C_{18} & C_{19} & \\ w & 0.049\ 6 & 0.043\ 5 & 0.041\ 2 & 0.054\ 2 & 0.044\ 9 & 0.052\ 3 & 0.059\ 9 & 0.041\ 1 & 0.052\ 8 & \end{bmatrix} \tag{7-18}$$

将式(7-17)及式(7-18)确定的仓库协会的复合模糊物元 R_k 以及权复合物元 R_w,按照 $M(\cdot,+)$ 运算,即先乘后加,得到关联度复合物元 R

$$R = \begin{bmatrix} & M_1 & M_2 & M_3 & M_4 & M_5 \\ K & 0.372\ 3 & 0.182\ 1 & 0.155\ 0 & 0.235\ 9 & 0.121\ 7 \end{bmatrix} \tag{7-19}$$

式中:K 为仓库协会所对应的评价等级的关联度。

由于在式(7-19)中,M_1、M_2、M_3、M_4、M_5 分别对应的分级分别为"优"、"良"、"中"、"差"、"劣",而仓库协会评价对应 M_1(优)的关联度最大,因此根据最大关联度原则,仓库协会属于"优"。

依据上述方法计算其他协会所对应绩效评价等级的关联度,如表7-3所示。

表7-3　漳河灌区各农民用水户协会与各评价等级的关联度

协会名称	优	良	中	差	劣	所属级别
马山协会	0.225 0	0.277 9	0.288 5	0.090 7	0.164 1	中
靳巷协会	0.126 2	0.239 8	0.250 6	0.217 5	0.200 6	中
仓库协会	0.372 3	0.182 1	0.155 0	0.235 9	0.121 7	优
许山协会	0.125 3	0.258 7	0.305 9	0.210 9	0.186 0	中
周坪协会	0.179 7	0.275 3	0.230 5	0.136 9	0.199 4	良
勤俭协会	0.158 7	0.184 4	0.113 3	0.102 4	0.447 9	劣
管湾协会	0.233 6	0.189 7	0.122 1	0.164 5	0.317 8	劣
鸦铺协会	0.066 5	0.167 2	0.315 3	0.255 3	0.277 4	中
吕岗协会	0.362 0	0.171 9	0.117 1	0.166 0	0.214 2	优
周湾协会	0.153 6	0.422 8	0.250 5	0.079 6	0.182 0	良
九龙协会	0.186 2	0.306 5	0.241 4	0.091 5	0.253 4	良
洪庙协会	0.231 0	0.262 6	0.171 8	0.135 5	0.206 8	良
贺集协会	0.145 7	0.215 5	0.133 8	0.241 7	0.333 5	劣
五一协会	0.218 3	0.176 1	0.246 9	0.234 4	0.198 2	中
雷坪协会	0.151 4	0.141 4	0.285 9	0.169 1	0.263 9	中
英岩协会	0.266 4	0.340 6	0.209 2	0.022 4	0.163 0	良
伍架协会	0.246 4	0.261 2	0.235 5	0.198 1	0.144 9	良
长兴协会	0.193 2	0.347 8	0.078 4	0.110 1	0.269 2	良
子陵协会	0.228 0	0.236 6	0.229 1	0.194 7	0.143 8	良
永圣协会	0.313 7	0.312 0	0.174 8	0.011 9	0.123 1	优
总干渠二支渠协会	0.185 2	0.283 3	0.304 9	0.134 4	0.184 9	中
总干渠一支渠协会	0.314 2	0.301 9	0.062 9	0.127 7	0.144 3	优
总干渠二分渠协会	0.136 0	0.244 9	0.320 8	0.254 3	0.193 4	中
脚东协会	0.046 2	0.227 8	0.263 8	0.269 3	0.224 7	差
绿林山协会	0.172 1	0.389 9	0.201 1	0.201 8	0.138 4	良
丁场协会	0.277 3	0.337 1	0.257 9	0.118 7	0.127 0	良
二干渠二支渠协会	0.279 1	0.236 0	0.197 8	0.119 3	0.148 7	优
三支渠协会	0.213 7	0.276 2	0.128 1	0.054 5	0.270 3	良
五分支协会	0.238 7	0.317 6	0.260 4	0.119 0	0.115 8	良
二干渠一分干协会	0.311 6	0.277 9	0.177 9	0.148 1	0.088 4	优
许岗协会	0.328 3	0.194 6	0.299 4	0.136 2	0.141 2	优
纪山协会	0.217 4	0.284 2	0.125 2	0.076 7	0.287 8	劣
四支渠协会	0.234 0	0.258 5	0.213 7	0.135 3	0.198 5	良
大房湾协会	0.295 3	0.205 5	0.273 0	0.189 1	0.104 7	优
董岗协会	0.292 3	0.278 3	0.157 1	0.289 5	0.091 5	优
六支渠协会	0.182 5	0.125 6	0.263 1	0.112 5	0.328 3	劣
川店镇协会	0.161 5	0.308 0	0.209 4	0.109 2	0.193 5	良
老二干协会	0.218 1	0.156 7	0.293 6	0.176 0	0.213 7	中
曹岗协会	0.222 9	0.275 9	0.173 9	0.183 8	0.214 1	良
白庙协会	0.151 5	0.329 0	0.341 2	0.150 2	0.159 6	中
三干渠三分干协会	0.105 1	0.136 1	0.357 1	0.228 8	0.259 9	中
兴隆协会	0.065 4	0.128 1	0.346 4	0.422 0	0.212 1	中
合计	9	15	12	1	5	

7.2.5　漳河灌区农民用水户协会绩效综合评价

7.2.5.1　综合评价结果

运用模糊物元分析法对漳河灌区 42 个农民用水户协会进行绩效综合评价,由表 7-3 及表 7-4 可知,农民用水户协会绩效处于"优"的有 9 个、"良"的有 15 个、"中"的有 12 个、"差"的有 1 个、"劣"的有 5 个,即有 57.1% 的协会处于"良"以上级别,有 85.7% 的协会处于"中"以上级别,可见漳河灌区农民用水户协会绩效总体偏好。

表 7-4　模糊物元分析综合评价协会绩效分类结果

分类类型	协会个数(个)	协会名称
优	9	仓库协会、吕岗协会、永圣协会、总干渠一支渠协会、二干渠二支渠协会、二干渠一分干协会、许岗协会、大房湾协会、董岗协会
良	15	周坪协会、周湾协会、九龙协会、洪庙协会、伍架协会、英岩协会、长兴协会、子陵协会、绿林山协会、丁场协会、三支渠协会、五分支协会、四支渠协会、川店镇协会、曹岗协会
中	12	马山协会、靳巷协会、许山协会、鸦铺协会、五一协会、雷坪协会、总干渠二支渠协会、总干渠二分渠协会、老二干协会、白庙协会、三干渠三分干协会、兴隆协会
差	1	脚东协会
劣	5	勤俭协会、管湾协会、贺集协会、纪山协会、六支渠协会

7.2.5.2　灌区层面评价指标的分类

本节的目的是基于整个漳河灌区被评价的 42 个协会,分析 19 个评价指标的优劣,从而了解灌区农民用水户协会整体在哪些指标方面做的效果较为突出或者说有很好的绩效,哪些指标效果不明显或者绩效不良。这样在总结整个灌区农民用水户协会实际绩效、经验等时就可以有的放矢,明确重点。

在确定每个农民用水户协会的复合模糊物元时,可以得到各协会的各个评价指标与不同等级"优"、"良"、"中"、"差"、"劣"(Ⅰ、Ⅱ、Ⅲ、Ⅳ、Ⅴ)的关联系数。在每一个等级关联系数下,对灌区内 42 个农民用水户协会的同一个评价指标求得其算术平均值,从而得到灌区层面上的评价指标与不同等级"优"、"良"、"中"、"差"、"劣"(Ⅰ、Ⅱ、Ⅲ、Ⅳ、Ⅴ)的关联系数。然后依据最大关联度原则,选择关联系数最大值所在的级别,从而对评价指标进行分类,见表 7-5。指标关联系数或关联度的大小反映了在灌区总体层面上各评价指标的绩效优劣程度,为进一步改善农民用水户协会绩效提供依据。

由表 7-5 指标级别分类可知:漳河灌区农民用水户协会在水费收取率指标、协会收支比例指标、单位面积水稻产量指标等方面达到了绩效"优"的级别;在协会组建综合指标、协会职能综合指标、工程完好率指标、渠道水利用系数指标、用水矛盾程度综合指标、用水计量方式综合指标等方面达到了绩效"良"的级别,即处于这两个级别的评价指标取得了较好的效果;协会认知程度综合指标、灌溉水分配及影响综合指标、对相关单位影响综合指标等方面达到了绩效"中"的级别,有进一步提高的潜力;供水投劳变化程度综合指标、灌溉水分生产率指标和单位灌溉用水收益指标等方面处于绩效"差"的级别;农户参与协会程度综合指标、协会与外部组织关系综合指标、工程维护指标、单位面积灌水量指标等方面处于绩效"劣"的级别,即表明这些指标方面做得比较差,是目前存在的主要问题,也是今后在灌区农民用水户协会的发展过程中应该加强改善的主要方面。

表 7-5　评价指标关联系数及其级别分类

评价指标		优（Ⅰ）	良（Ⅱ）	中（Ⅲ）	差（Ⅳ）	劣（Ⅴ）	级别分类
协会组织建设指标	协会组建综合指标	0.167 76	0.304 46	0.162 86	0.100 71	0.130 31	良
	协会职能综合指标	0.139 94	0.542 30	0.217 92	0.126 94	0.046 35	良
	协会认知程度综合指标	0.022 81	0.334 54	0.353 52	0.194 04	0.180 25	中
	农户参与协会程度综合指标	0.084 17	0.213 78	0.148 35	0.246 71	0.327 23	劣
	协会与外部组织关系综合指标	0.000 00	0.030 14	0.089 38	0.173 30	0.691 74	劣
协会工程现状及维护指标	工程维护综合指标	0.001 49	0.041 23	0.186 69	0.245 21	0.537 92	劣
	工程完好率指标	0.341 16	0.344 40	0.222 20	0.088 76	0.063 35	良
	渠道水利用系数指标	0.344 82	0.440 11	0.199 36	0.049 18	0.040 10	良
协会用水管理指标	灌溉水分配及影响综合指标	0.065 01	0.149 79	0.501 05	0.164 22	0.199 68	中
	单位面积灌水量指标	0.268 28	0.196 94	0.218 94	0.123 60	0.352 10	劣
	水费收取率指标	0.501 61	0.313 74	0.117 61	0.011 02	0.014 12	优
	用水矛盾程度综合指标	0.200 07	0.256 75	0.223 03	0.138 01	0.103 70	良
	供水投劳变化程度综合指标	0.062 67	0.227 02	0.218 37	0.295 44	0.269 78	差
	用水计量方式综合指标	0.273 96	0.434 35	0.273 79	0.075 17	0.033 40	良
协会经济效益指标	协会收支比例指标	0.522 05	0.322 73	0.013 76	0.000 46	0.022 41	优
	单位面积水稻产量指标	0.477 34	0.311 56	0.214 28	0.115 00	0.189 01	优
	灌溉水分生产率指标	0.096 89	0.120 06	0.272 50	0.431 85	0.162 30	差
	对相关单位影响综合指标	0.191 73	0.036 64	0.365 09	0.039 54	0.202 53	中
	单位灌溉用水收益指标	0.111 13	0.086 98	0.229 44	0.455 75	0.289 42	差

7.3　本章小结

本章运用模糊物元分析对漳河灌区 42 个农民用水户协会进行绩效综合评价,主要结论如下:

(1)协会综合评价。将模糊物元分析具体应用到灌区农民用水户协会绩效综合评价中,把"分级标准、评价指标、测值"组成物元,然后根据各评价指标等级标准值,求得各协会对于各等级的关联度,根据最大关联度原则,可知各个协会所处级别(即各个协会的绩效如何)。结果表明:农民用水户协会绩效处于"优"的有 9 个、"良"的有 15 个、"中"的有 12 个、"差"的有 1 个、"劣"的有 5 个,即有 57.1% 的协会处于"良"以上级别,有 85.7% 的协会处于"中"以上级别,可见漳河灌区农民用水户协会绩效总体偏好。

(2)评价指标的分类。在模糊物元的计算过程中得到各个协会的各个评价指标与不同等级的关联系数,然后对漳河灌区内 42 个农民用水户协会的同一个评价指标在每个等级关联系数下求得其算术平均值,根据最大关联度原则,对评价指标进行了分类。结果表明:漳河灌区农民用水户协会在水费收取率、协会收支比例、单位面积水稻产量等指标方面达到了绩效"优"的级别,说明这些指标做得较好;农户参与协会程度综合指标、协会与外部组织关系综合指标、工程维护综合指标等方面处于绩效"劣"的级别,即表明这些指标方面做得比较差,是目前存在的主要问题,也是今后在灌区农民用水户协会的发展过程中应该加强改善的主要方面。

(3)利用模糊物元分析,不仅可以得出灌区每个农民用水户协会绩效状况的综合评价等级,还可以得出灌区层面上不同评价指标的综合绩效等级水平,从而可以找出影响绩效的执行不佳的指标,加以改进,为今后农民用水户协会的进一步发展指明方向。

(4)模糊物元分析对于处理灌区农民用水户协会绩效综合评价中指标繁多,且单因子评价结果不相容这类问题具有较好的结果,为该方面的研究提供了一条新的方法与思路,也为灌区农业水资源管理决策分析提供一种新的数学方法。

第8章 基于投影寻踪分类模型的农民用水户协会绩效综合评价

灌区农民用水户协会绩效综合评价是一个多指标综合评价问题。在多指标综合评价过程中,都涉及权重矩阵。对于权重矩阵的确定,有主观及客观两种方法。综合评价的实质是对高维数据(多个评价指标值)的处理,即通过权重矩阵降低高维数据的维数,在低维子空间实现其降维评价。但因为无论主观方法或客观方法确定权重都存在某些不足,因此权重矩阵是否属于各项指标(多维)在低维子空间的最佳投影(即最佳权重矩阵)还无法保证,同时传统的优化方法在处理多变量同时寻优时往往易陷入局部最优、早熟或提前收敛,寻求不到真正的最优解。为此,本章采用近年来发展的有效降维技术——投影寻踪方法(Projection Pursuit,简称PP),来实现其高维数据的降维过程,并将适合于多维全局优化的算法——遗传算法与PP模型结合,共同实现对灌区农民用水户协会的绩效综合评价。

8.1 投影寻踪方法简介

投影寻踪方法(Huber,1985;陈忠琏,1986)是一种新兴的统计方法,是国际统计界于20世纪70年代中期发展起来的,是现代统计学、应用数学、计算机技术的交叉学科。投影寻踪用来处理和分析高维数据,既可做探索性分析,又可做确定性分析。它包含两方面的含义,其一是投影(Projection),把高维空间中的数据投影到低维空间;其二是寻踪(Pursuit),利用低维空间投影数据的几何分布形态,发现人们感兴趣的数据内在特征和相应的投影方向。其基本思想是把高维数据通过某种组合投影到低维子空间上,并通过极大化(或极小化)投影指标,寻找出能够反映原高维数据结构或特征的投影,在低维空间上对数据结构进行分析,以达到研究和分析高维数据的目的(Friedman等,1974)。

投影寻踪方法的特点,主要可以归纳为以下几点:

(1)PP能成功地克服高维数据的"维数祸根"所带来的严重困难,这是因为它对数据的分析是在低维子空间上进行的,对1~3维的投影空间来说数据点就很密了,足以发现数据在投影空间中的结构或特征。这是PP方法最显著的特点,也是它最显著的优点。

(2)PP可以排除与数据结构和特征无关的或关系很小的变量的干扰。

(3)PP为使用一维统计方法解决高维问题开辟了途径。因为PP方法可以将高维数据投影到一维子空间上,再对投影后的一维数据进行分析,比较不同一维投影的分析结果,找出好的投影。

(4)PP与其他非参数方法一样可以用来解决某种非线性问题。PP方法虽然是以数据的线性投影为基础,但它找的是线性投影中的非线性结构,因此可以用来解决一定程度上的非线性问题。

投影寻踪方法为我们分析数据增添了有力的工具,可是它并不能取代传统的多元分析方法。实际上,在对数据进行分析时,传统方法与投影寻踪方法的结合使用,往往能产生更好的效果。

8.2 投影寻踪分类模型[1]

8.2.1 投影寻踪分类模型的降维思路

进行综合评价的投影寻踪分类(Projection Pursuit Classification,简称PPC)模型,其实质是一种降维技术,即通过投影寻踪技术将多维分析问题通过最优投影方向转化为一维问题进行处理。具体思路就是,将影响问题的多因素指标通过投影寻踪分类分析得到反映其综合指标特性的投影特征值,然后建立投影特征值与因变量的一一对应关系函数,从而进行分析研究。其数学描述为,假设某一数据组的因变量为$y(i)$($i=1,2,\cdots,n$),对应的自变量为$\{x^*(i,j)|i=1,2,\cdots,n;j=1,2,\cdots,m\}$。如果运用传统的分析方法可以建立$y=f(x)$的函数关系,很显然,这必定为关于$x$的多元函数关系,相对比较复杂,存在多个待定系数。利用投影寻踪的思想,先将所有的自变量x进行线性投影得到对应的投影特征值$z(i)$,由前述分析可知,$z(i)$能够综合反映所有自变量x的综合特征,因此可建立$y=f(z)$的函数关系来代表$y=f(x)$的关系特性,从而达到变多元分析为一元分析的目的。

8.2.2 投影寻踪分类模型的主要内容

8.2.2.1 构造投影指标

这是投影寻踪分类中较为关键的一步,投影指标是反映高维数据向低维数据的投影准则,也是分类的准则和思想,因此只有构造合理的、反映分类特性的投影指标才能取得科学的分类结果。目前,较为普遍采用的一种方法就是采用标准差和局部密度来构造投影指标函数。

8.2.2.2 确定密度窗宽

当采用标准差和局部密度来构造投影指标函数时,投影寻踪分类模型中唯一的参数便是密度窗宽,它的选取既要使包含在视窗内的样本点个数不能太少,以免样本滑动平均时的偏差太大,同时也不能使它随样本数目的增大而增加太多。目前还没有关于此值选定的理论和计算方法,在实际应用中多凭经验选取。

8.2.2.3 选择投影方向优化方法

投影寻踪分类分析,实质上就是根据设计的投影指标,并在相关约束条件下进行的优化问题。传统的优化方法往往需要目标函数具有连续、可导的特性,这会加大构造投影指

---

[1] 本节主要内容是参考文献《投影寻踪模型原理及其应用》(付强,赵小勇,2006)进行编写的。

标函数的难度。本章将采用基于实数编码的加速遗传算法来实现投影寻踪的优化,巧妙地克服了传统优化方法的缺点,而且实现过程更为简单。

8.2.3 基于投影寻踪分类模型的农民用水户协会绩效综合评价建模过程

由于 PP 方法的基本原理及方法可以将多维数据降为一维数据,且形成的新指标具有整体分散和局部凝聚的特征,故可以根据其投影值大小来作分类分析,这种将 PP 用来做分类分析的模型,即为投影寻踪分类(PPC)模型(付强等,2006)。

基于投影寻踪分类模型的农民用水户协会绩效综合评价的建模步骤如下(马智晓等,2009):

(1)归一化处理样本评价指标集。设农民用水户协会综合评价中各个指标值的样本集为 $\{x^*(i,j) | i = 1,2,\cdots,n; j = 1,2,\cdots,m\}$,其中 $x^*(i,j)$ 为第 i 个农民用水户协会的第 j 个指标值;n、m 分别为农民用水户协会的总个数和评价指标的总数目。为了消除各个指标值的量纲和统一各指标值的变化范围,采用下式进行极值归一化处理:

对于越大越优的指标:
$$x(i,j) = \frac{x^*(i,j) - x_{\min}(j)}{x_{\max}(j) - x_{\min}(j)} \tag{8-1}$$

对于越小越优的指标:
$$x(i,j) = \frac{x_{\max}(j) - x^*(i,j)}{x_{\max}(j) - x_{\min}(j)} \tag{8-2}$$

式中:$x_{\max}(j)$、$x_{\min}(j)$ 分别为第 j 个指标值的最大值和最小值;$x(i,j)$ 为指标特征值归一化的序列。

(2)构造投影指标函数 $Q(a)$。投影寻踪分类方法就是把 m 维数据(评价指标)$\{x(i,j) | i = 1,2,\cdots,n; j = 1,2,\cdots,m\}$ 综合成以 $a = \{a(1),a(2),a(3),\cdots,a(m)\}$ 为投影方向的一维投影值 $z(i)$

$$z(i) = \sum_{j=1}^{m} a(j)x(i,j) \quad (i = 1,2,\cdots,n) \tag{8-3}$$

然后根据 $\{z(i) | i = 1,2,\cdots,n\}$ 的一维散布图进行分类。式(8-3)中 a 为单位长度向量。由式(8-3)可知,随着投影方向 a 值的改变,一维投影值 $z(i)$ 也会发生相应的变化。当各投影 $z(i)$ 值满足投影数据特征时,所对应的投影方向 a 为最佳投影方向。

投影数据特征可以用以下两个公式来表示:

$$S_z = \sqrt{\frac{\sum_{i=1}^{n} [z(i) - E(z)]^2}{n - 1}} \tag{8-4}$$

$$D_z = \sum_{i_1=1}^{n} \sum_{i_2=1}^{n} [R - r(i_1,i_2)] \cdot u[R - r(i_1,i_2)] \tag{8-5}$$

式中:S_z 为投影值 $z(i)$ 的标准差,可以表示 $z(i)$ 的发散程度,S_z 越大,表示数据 $z(i)$ 的整体发散效果越好;D_z 为投影值 $z(i)$ 的局部密度,可以表示 $z(i)$ 的集中程度,D_z 越大,表示数据 $z(i)$ 的局部集中效果越好;$E(z)$ 为序列 $\{z(i) | i = 1,2,\cdots,n\}$ 的平均值;R 为局部密度的窗口半径,它的选取既要使包含在窗口内的投影点的平均个数不能太少,避免滑动平均偏差太大,又不能使它随着 n 的增大而增加太多,R 可以根据经验来确定,在实际运算中

可取$\frac{m}{2} \leqslant R \leqslant 2m$;$r(i_1, i_2)$表示样本之间的距离,$r(i_1, i_2) = |z(i_1) - z(i_2)|$;$u(t)$为一单位阶跃函数,当$t \geqslant 0$时,其值为1,当$t < 0$时,其值为0。

综合投影指标值时,要求投影值$z(i)$的散布特征为:局部投影点尽可能密集,最好凝聚成若干个点团,即增大D_z的值,表示$z(i)$之间的距离拉大;同时在整体投影上投影点团之间尽可能散开,即增大S_z的值,表示$z(i)$之间的距离被缩小。因此,S_z和D_z便构成了一对矛盾体,当S_z和D_z达到最理想的协调时,所得的投影方向a为最优投影方向。

因此,投影指标函数可以表达为

$$Q(a) = S_z \cdot D_z \tag{8-6}$$

当$Q(a)$值达到最大值时,表示S_z和D_z达到了最理想的搭配。

(3)优化投影指标函数。当给定农民用水户协会各评价指标值样本集时,投影指标函数$Q(a)$只随着投影方向a的变化而变化。不同的投影方向反映不同的数据结构特征,最佳投影方向就是最大可能揭示高维数据某类特征结构的投影方向。通过求解投影指标函数最大值问题来估计最佳投影方向,即

最大化目标函数: $\max : Q(a) = S_z \cdot D_z \tag{8-7}$

约束条件: $\text{s. t.} \sum_{j=1}^{m} a^2(j) = 1 \tag{8-8}$

这是一个以$\{a(j) | j = 1, 2, \cdots, m\}$为优化变量的复杂非线性优化问题,采用传统的优化方法处理比较困难。本书应用模拟生物优胜劣汰与群体内部染色体信息交换机制的基于实数编码的加速遗传算法(Real coded Accelerating Genetic Algorithm,简称RAGA)来解决其高维全局寻优问题。RAGA方法的原理及具体求解步骤参见文献(付强,赵小勇,2006;金菊良等,2000;付强等,2002;刘勇等,1997)。

(4)分类(优序排列)。把步骤(3)求得的最佳投影方向a^*分别代入式(8-3)后可得各个农民用水户协会的投影值$z^*(i)$。比较$z^*(i_1)$与$z^*(i_2)$,二者越接近,表示农民用水户协会i_1与i_2越倾向于同一类。若按$z^*(i)$值从大到小排序,则可以将农民用水户协会从优到劣进行排序。

(5)聚类分析。根据各个农民用水户协会的投影值$z^*(i)$由大到小的排序,采用最优分割法对协会进行聚类分析,从而从整体上对灌区各农民用水户协会进行绩效综合评价。

8.2.4 基于PPC的农民用水户协会绩效评价模型的RAGA实现过程

为了增强投影方向寻优的实际应用能力,避免复杂的计算,采用基于实数编码的加速遗传算法RAGA来寻找一维投影方向。其基本思想是:在单位超球面中随机抽取若干个初始投影方向,计算其投影指标的大小,根据其投影指标选大的原则,进行加速遗传算法操作,最后确定最大指标函数值对应的投影方向为最佳投影方向。

基于RAGA的基本思想,当确定了目标函数以及优化参数值的可行域后,就可以实施加速遗传算法的优化策略。

设m为空间的维数,即评价指标的数目,k为初始投影方向的个数,$b_j(j = 1, 2, \cdots, m)$

为投影方向的实数编码,a_j 代表投影方向 a 的一个分量,$Q(a)$ 为投影指标,则 RAGA 优化投影方向的算法如下:

(1)在 m 维空间上随机选取 k 组 $0 \sim 1$ 区间的随机数 $b_j(j = 1, 2, \cdots, m)$ 作为优化编码,每一组编码对应一个投影方向,令 $a_j = \sqrt{\dfrac{(b_j)^2}{\sum\limits_{j=1}^{m}(b_j)^2}}$,并使得 $\| a \| = 1$,即得到归一化的投影方向;

(2)根据已经得到的 k 组已经归一化的投影方向,计算 n 个农民用水户协会在这些投影方向上的投影值 $z_i(i = 1, 2, \cdots, n)$,然后再计算 n 组方向对应的投影指标 $Q(a)$,将投影指标 $Q(a)$ 按从大到小的顺序排序,并将其对应的 k 组投影方向进行排序,定义排序后最前面的 k 个个体为优秀个体;

(3)计算基于序的评价函数 eval,$\mathrm{eval}(V) = \alpha(1 - \alpha)^{i-1}$;

(4)根据选择过程的要求进行选择操作,产生第一个子代群体;

(5)定义交叉操作的概率 p_c,进行交叉操作,产生第二代群体;

(6)定义变异概率 p_m,进行变异操作,得到新一代种群;

(7)由前面的步骤(4)~(6)得到的 $3n$ 个子代个体,按其适应度函数值从大到小进行排序,选取最前面的 $(n-k)$ 个子代个体作为新的父代个体种群。算法转入步骤(3),开始下一个优选过程;

(8)用第一、第二次进化所产生的优秀个体变化区间(即优秀投影方向)作为下次迭代时优化变量新的变化区间,如果进化的次数过多,将减弱加速算法的寻优能力。算法转入步骤(1),重复该方法,直至最优个体的投影指标 $Q(a)$ 小于某一设定值。

8.2.5 最优分割法

由于投影寻踪分类模型在没有分类标准参照下就不能客观地、明显地分类,而只能给出灌区农民用水户协会的优劣排序,或者是一个主观视觉意识的分类,为了使评价结果更加客观、合理,采用最优分割法进行聚类分析。

最优分割法是对有序样本进行聚类的方法,其基本思想是基于方差分析的思想,即寻找一个分割,使各段内部样本间的差异最小,而各段之间样本的差异最大(胡永宏等,2000;雷钦礼,2002;秦寿康,2003)。

假设样本依次是 $x_1, x_2, \cdots, x_n$,其中每个 x_i 均为 m 维向量,则最优分割法的步骤如下:

(1)定义类的直径。设某一类 $G_{ij} = \{x_i, x_{i-1}, \cdots, x_j\}$,$j > i$,其均值为 $\overline{x_{ij}} = \dfrac{1}{j-i+1}\sum\limits_{l=i}^{j} x_l$,则类 G_{ij} 的直径为

$$D_{ij} = \sum_{l=i}^{j}(x_l - \overline{x_{ij}})^{\mathrm{T}}(x_l - \overline{x_{ij}}) \tag{8-9}$$

(2)定义目标函数。将 n 个样本分成 k 类,设某一种分法为

$$P(n, k): \{x_{i_1}, x_{i_1+1}, \cdots, x_{i_2-1}\}, \{x_{i_2}, x_{i_2+1}, \cdots, x_{i_3-1}\}, \cdots, \{x_{i_k}, x_{i_k+1}, \cdots, x_{i_n}\}$$

简记为 $P(n,k):\{i_1,i_1+1,\cdots,i_2-1\},\{i_2,i_2+1,\cdots,i_3-1\},\cdots,\{i_k,i_k+1,\cdots,i_n\}$

其中,分点 $1=i_1<i_2<\cdots<i_k<i_{k+1}=n$,则定义目标函数为类内总离差平方和,即

$$L[P(n,k)] = \sum_{l=1}^{k} D(i_l, i_{l+1}-1) \tag{8-10}$$

当 n、k 固定时,$L[P(n,k)]$ 越小,表示各类的类内离差平方和越小,分类是合理的。

(3)求最优分类。容易验证有如下的递推公式

$$L[P^*(n,2)] = \min_{2\le j\le n}\{D(1,j-1)+D(j,n)\} \tag{8-11}$$

$$L[P^*(n,k)] = \min_{k\le j\le n}\{L[P^*(j-1,k-1)]+D(j,n)\} \tag{8-12}$$

因此,对于 n 个有序样本要分为 k 类时,可首先找 j_k,使式(8-12)达到极小,即

$$L[P^*(n,k)] = L[P^*(j_k-1,k-1)]+D(j_k,n) \tag{8-13}$$

于是得到第 k 类 $G_k=\{j_k,j_k+1,\cdots,n\}$,然后找 j_{k-1} 使它满足

$$L[P^*(j_k-1,k-1)] = L[P^*(j_{k-1}-1,k-2)]+D(j_{k-1},j_k-1) \tag{8-14}$$

得到第 $k-1$ 类 $G_{k-1}=\{j_{k-1},j_{k-1}+1,\cdots,j_k-1\}$,依次继续下去,就得到所有的类

$$P^*(n,k)=(G_1,G_2,\cdots,G_k)$$

这也就是我们欲求的最优解。

8.3 基于投影寻踪分类模型的漳河灌区农民用水户协会绩效综合评价

8.3.1 建立样本矩阵

根据在漳河灌区获得的农民用水户协会的相关调查数据,并依据资料的完整性,选取 42 个农民用水户协会作为评价对象。从协会组织建设、工程状况及维护、用水管理、经济效益 4 个方面选取了 19 个评价指标。在这 19 个指标中,除了单位面积灌溉用水量是越小越优型指标外,其他指标在经过计算处理后均为越大越优型指标。

由灌区农民用水户协会评价指标观测值可知其评价指标矩阵为 $(x_{ij})_{42\times19}$。

8.3.2 漳河灌区农民用水户协会绩效综合评价

8.3.2.1 PPC 综合评价过程及结果

根据 8.2.3 节中介绍的 PPC 建模过程对漳河灌区农民用水户协会进行绩效评价建模。对于量化的定性指标具有统一的变化范围且无量纲,可直接代入 PPC 模型中进行计算,而定量指标,比如"工程完好率"、"单位面积灌水量"、"水费收取率"等指标需要依据式(8-1)和式(8-2)进行归一化处理,其中单位面积灌水量指标为越小越优型指标,其余均为越大越优型指标。对各协会各评价指标进行处理后,得到归一化值,见表 8-1。

参与绩效评价的有 42 个农民用水户协会,即 42 个评价样本,19 个评价指标,即属于 19 维数据。用 MATLAB7.0 编程处理数据,根据式(8-3)~式(8-8)建立综合评价的 PPC 模型。在 RAGA 过程中,选定父代初始种群规模为 $n=400$,交叉概率为 $p_c=0.80$,变异概

表 8-1　漳河灌区农民用水户协会各评价指标归一化值

协会名称	协会组建综合指标 C_1	协会职能综合指标 C_2	协会认知程度综合指标 C_3	农户参与协会程度综合指标 C_4	协会与外部组织关系综合指标 C_5	工程维护综合指标 C_6	工程完好率指标 C_7	渠道水利用系数指标 C_8	灌溉水分配及影响指标综合指标 C_9	单位面积灌水量指标 C_{10}	水费收取率指标 C_{11}	用水矛盾程度综合指标 C_{12}	供水投劳变化程度综合指标 C_{13}	用水计量方式综合指标 C_{14}	协会收支比指标 C_{15}	单位面积水稻产量指标 C_{16}	灌溉分生产率指标 C_{17}	对相关单位综合响应指标 C_{18}	单位灌溉用水收益指标 C_{19}
马山协会	0.000	0.890	0.904	0.300	0.342	0.475	0.412	0.857	0.672	0.720	0.667	1.000	0.900	0.610	0.022	0.400	0.595	0.685	0.106
靳巷协会	0.880	0.840	0.725	0.581	0.416	0.470	0.529	0.714	0.714	0.400	1.000	0.620	0.410	0.690	0.022	0.450	0.630	0.370	0.072
仓库协会	1.000	0.840	0.620	0.534	0.333	0.850	0.765	1.000	0.673	0.560	1.000	1.000	0.930	0.930	0.022	0.000	0.000	1.000	0.073
许山协会	0.880	0.890	0.595	0.750	0.416	0.250	0.529	0.286	0.714	0.560	0.933	0.720	0.500	0.780	0.022	0.000	0.000	1.000	0.081
周坪协会	1.000	0.720	0.633	0.400	0.229	0.375	0.294	0.429	0.673	0.880	1.000	0.810	0.775	0.840	0.078	0.000	0.000	0.685	0.062
勤俭协会	0.810	0.530	0.300	0.400	0.124	0.050	0.573	0.000	0.208	0.240	1.000	1.000	0.475	0.930	0.022	0.100	0.481	0.685	0.099
管湾协会	0.000	0.840	0.330	0.419	0.219	0.250	0.706	0.857	0.168	0.560	1.000	0.810	0.500	0.620	0.066	0.150	0.893	1.000	0.081
鸦铺协会	0.810	0.530	0.495	0.450	0.229	0.335	0.573	0.571	0.320	0.560	1.000	0.740	0.625	0.620	0.569	0.000	0.000	0.685	0.090
吕岗协会	1.000	0.890	0.578	0.417	0.333	0.215	0.882	1.000	0.824	0.640	1.000	0.470	0.845	0.930	0.066	0.000	0.000	1.000	0.081
周湾协会	0.670	0.840	0.825	0.802	0.208	0.345	0.573	0.786	0.663	0.640	0.500	1.000	0.775	0.780	0.023	0.100	0.151	0.370	0.075
九龙协会	0.500	0.710	0.836	0.370	0.309	0.250	0.765	0.674	0.356	0.608	0.967	1.000	0.500	0.760	0.019	0.200	0.562	0.685	0.099
洪庙协会	1.000	0.890	0.505	0.425	0.253	0.729	0.647	1.000	0.735	0.368	1.000	1.000	0.705	0.780	0.022	0.180	0.245	0.370	0.081
贺集协会	0.310	0.530	0.838	0.878	0.516	0.130	0.059	0.786	0.459	0.240	0.000	0.660	0.555	0.600	0.021	0.340	0.741	0.000	0.109
五一协会	1.000	0.720	0.613	0.611	0.653	0.348	0.176	0.829	0.591	0.400	0.767	0.470	0.830	0.930	0.025	0.150	0.254	0.685	0.073
雷坪协会	0.600	0.720	0.300	0.400	0.312	0.430	0.588	0.429	0.320	0.400	1.000	0.470	0.775	0.810	0.022	0.100	0.313	1.000	0.044
英岩协会	1.000	0.840	0.780	0.700	0.188	0.375	0.412	1.000	0.667	0.720	1.000	0.810	0.845	0.640	0.000	0.200	0.300	1.000	0.081
伍架协会	0.600	0.890	0.765	0.827	0.329	0.470	0.824	0.500	0.683	0.640	1.000	0.470	0.500	0.930	0.022	0.200	0.293	1.000	0.073
长兴协会	0.790	0.840	0.808	0.795	0.208	0.250	0.529	0.714	0.472	0.864	1.000	0.470	0.500	0.760	1.000	0.200	0.424	0.370	0.025
于楼协会	0.790	0.630	0.879	0.425	0.516	0.627	0.765	0.571	0.714	1.000	1.000	1.000	0.475	0.610	0.016	0.100	0.140	0.370	0.073
永圣协会	0.810	0.720	0.842	0.751	0.329	0.290	0.529	0.786	0.694	0.720	1.000	0.810	0.635	0.930	0.022	0.250	0.360	1.000	0.073
总干渠二支渠协会	0.790	0.890	0.683	0.590	0.215	0.470	0.000	0.786	0.684	0.608	0.500	1.000	0.720	0.780	0.022	0.180	0.263	1.000	0.081

协会名称	协会组建综合指标 C_1	协会职能综合指标 C_2	协会认知程度综合指标 C_3	农户参与协会与协会外部组织关系综合指标 C_4	协会内部组织关系综合指标 C_5	工程维护综合指标 C_6	工程完好率指标 C_7	渠道水利用系数指标 C_8	灌溉水分配与影响综合指标 C_9	单位面积灌水量指标 C_{10}	水费收取率指标 C_{11}	用水矛盾程度综合指标 C_{12}	供水投劳变化程度综合指标 C_{13}	用水计量方式综合指标 C_{14}	协会收支比例指标 C_{15}	单位面积水稻产量指标 C_{16}	灌溉分生产率指标 C_{17}	对相关单位综合影响指标 C_{18}	单位灌溉用水收益指标 C_{19}
总干渠一支渠协会	1.000	0.840	0.711	0.900	0.368	0.448	0.824	0.714	1.000	0.480	0.500	0.810	0.395	0.930	0.018	0.200	0.200	1.000	1.000
总干渠二分渠协会	0.810	0.530	0.619	0.550	0.333	0.430	0.412	0.671	0.939	0.608	0.567	0.810	0.510	0.780	0.024	0.180	0.192	0.370	0.073
脚东协会	0.790	0.840	0.608	0.475	0.416	0.210	0.235	0.674	0.714	0.480	0.667	0.620	0.775	0.610	0.438	0.100	0.140	0.685	0.257
绿林山协会	0.310	0.760	0.758	0.578	0.480	0.601	0.706	0.643	0.589	0.702	0.500	1.000	0.400	0.780	0.021	0.180	0.306	1.000	0.072
丁场协会	0.810	0.840	0.650	0.828	0.391	0.526	1.000	0.857	1.000	0.672	0.000	0.660	0.930	0.780	0.030	0.050	0.050	0.185	0.155
二支渠一支渠协会	1.000	0.890	0.525	0.886	0.439	0.730	0.882	0.786	0.798	0.080	1.000	1.000	0.595	0.710	0.066	0.200	0.251	0.679	0.081
二支渠协会	0.790	0.890	0.819	0.425	0.657	0.372	0.529	0.714	0.714	0.000	1.000	1.000	0.370	0.930	0.022	0.450	0.630	0.370	0.032
三支渠协会	1.000	0.890	0.688	0.694	0.202	0.470	0.573	0.571	0.516	0.720	1.000	0.720	0.660	1.000	0.022	0.180	0.349	0.679	0.130
五分支渠协会	1.000	0.890	0.725	0.802	0.416	0.590	0.647	0.714	0.724	0.880	1.000	0.470	0.730	0.850	0.022	0.250	0.345	0.630	0.073
二干渠一分干协会	0.670	0.840	0.675	0.950	0.356	0.590	0.765	0.500	0.714	0.608	1.000	0.966	0.680	0.930	0.066	0.000	0.000	1.000	0.014
许岗协会	0.000	0.720	0.399	0.165	0.228	0.375	0.573	1.000	0.376	0.680	0.333	0.810	0.420	0.790	0.022	0.300	0.798	1.000	0.073
纪山协会	1.000	0.840	0.590	0.754	0.228	0.290	0.412	0.357	0.496	0.720	1.000	0.660	0.375	0.930	0.022	0.500	1.008	0.685	0.073
四支渠协会	0.600	0.840	0.838	0.985	0.756	0.645	0.824	0.786	0.704	0.480	1.000	1.000	0.675	0.850	0.022	0.000	0.000	0.685	0.073
大房湾协会	1.000	0.890	0.720	0.576	0.543	0.575	0.353	0.714	0.741	0.528	0.967	0.966	0.875	0.780	0.022	0.160	0.216	0.996	0.073
董岗协会	0.400	0.720	0.090	0.345	0.228	0.290	0.412	0.429	0.517	0.720	1.000	0.810	0.375	0.610	0.052	0.500	0.967	0.685	0.035
六支渠协会	0.810	0.720	0.440	0.436	0.417	0.430	0.573	0.643	0.683	0.640	1.000	1.000	0.480	0.840	0.022	0.250	0.366	1.000	0.000
川店镇协会	0.600	0.950	0.715	0.315	0.516	0.688	0.647	0.143	0.714	0.240	1.000	0.810	0.445	0.930	0.066	1.000	1.401	0.630	0.081
老二干协会	0.600	0.890	0.775	0.481	0.416	0.601	0.824	0.429	0.688	0.240	0.667	0.720	0.375	0.930	0.022	0.200	0.291	1.000	0.066
曹岗协会	0.790	0.720	0.788	0.916	0.630	0.617	0.647	0.786	0.918	0.400	0.000	0.720	0.070	0.780	0.020	0.020	0.022	0.648	0.073
白庙协会	1.000	0.840	0.566	0.354	0.219	0.130	0.294	0.429	0.747	0.600	1.000	0.586	0.830	0.660	0.023	0.000	0.000	0.370	0.090
三干渠三分干协会	1.000																		
兴隆协会	0.600	0.530	0.794	0.541	0.765	0.470	0.412	0.429	0.663	0.480	0.167	0.340	0.550	0.850	0.032	0.000	0.000	0.685	0.088

率 $p_m = 0.80$，优秀个体数目选定为 20 个，$\alpha = 0.05$，加速次数为 3，得出密度窗宽 $R = 11.2308$，最大投影特征值为 6530.0，最佳投影方向 $a^* = (0.4013, 0.1847, 0.1096, 0.1919, 0.0744, 0.2788, 0.3848, 0.1416, 0.1926, 0.1402, 0.4572, 0.1128, 0.1656, 0.1993, 0.1108, 0.0688, 0.0627, 0.3221, 0.1852)$。将 a^* 代入式(8-3)中，即得到灌区农民用水户协会绩效评价样本的投影值 $z^*(i)$。将漳河灌区农民用水户协会绩效评价样本的投影值 $z^*(i)$ 从大到小排列，可以看出各个协会的优劣排序，如表 8-2 所示。样本的投影值越大，则表示该协会绩效评价越好。

表 8-2 漳河灌区农民用水户协会绩效评价样本的投影值 $z^*(i)$ 及其排序

排序	协会名称	$z^*(i)$	排序	协会名称	$z^*(i)$	排序	协会名称	$z^*(i)$
1	仓库协会	2.8870	15	川店镇协会	2.4599	29	丁场协会	2.1756
2	总干渠一支渠协会	2.7485	16	许山协会	2.4026	30	总干渠二支渠协会	2.1324
3	二干渠二支渠协会	2.7164	17	四支渠协会	2.3685	31	周湾协会	2.1159
4	吕岗协会	2.7132	18	老二干协会	2.3685	32	三干渠三分干渠协会	2.0979
5	永圣协会	2.6939	19	周坪协会	2.3610	33	总干渠二分渠协会	2.0221
6	二干渠一分干协会	2.6931	20	长兴协会	2.3525	34	白庙协会	2.0080
7	许岗协会	2.6797	21	曹岗协会	2.3289	35	管湾协会	1.9859
8	大房湾协会	2.6426	22	靳巷协会	2.2778	36	马山协会	1.9780
9	董岗协会	2.6270	23	三支渠协会	2.2336	37	脚东协会	1.9695
10	英岩协会	2.6113	24	鸦铺协会	2.2041	38	勤俭协会	1.9649
11	伍架协会	2.5733	25	五一协会	2.2037	39	六支渠协会	1.9336
12	五分支协会	2.5597	26	九龙协会	2.1984	40	兴隆协会	1.7696
13	洪庙协会	2.5042	27	雷坪协会	2.1930	41	纪山协会	1.7094
14	子陵协会	2.4653	28	绿林山协会	2.1791	42	贺集协会	1.1562

8.3.2.2 PPC 综合评价的指标权重分析

根据最佳投影方向 a^*，可以得到各个评价指标对综合评价结果的影响程度，将 a^* 值进行排序得到各个评价指标对综合评价结果的影响程度见图 8-1（a^* 越大，影响越大）。其中水费收取率指标 C_{11} 影响最大，灌溉水分生产率指标 C_{17} 影响最小。

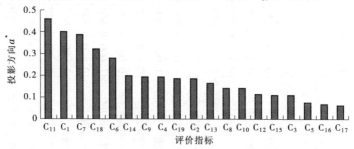

图 8-1 各评价指标投影方向排序图

由于最佳投影方向向量 a^* 反映了各个评价指标对评价结果的不同重要程度，而且它为单位投影方向向量，满足平方和为 1 的条件，因而可以把 $w=(a_1^2, a_2^2, \cdots, a_{19}^2)$ 作为灌区农民用水户协会各个评价指标的客观权重，如表 8-3 所示。

由 PPC 法得到的指标权重分析可知：水费收取率指标对综合评价结果的影响程度最大，协会组建综合指标、工程完好率指标、对相关单位影响综合指标、工程维护综合指标等也是影响综合评价的重要因子，即水费收缴到位、组建过程完善、工程状况良好、与供水单位和村委会保持良好的协作关系以及有良好的工程维护，是协会取得好的绩效的重要环节；而协会认知程度综合指标、协会与外部组织关系综合指标、单位面积水稻产量指标、灌溉水分生产率指标等对综合评价结果的影响程度较小。

表 8-3 不同方法计算评价指标权重值

评价指标	协会组建综合指标	协会职能综合指标	协会认知程度综合指标	农户参与协会程度综合指标	协会与外部组织关系综合指标	工程维护综合指标	工程完好率指标	渠道水利用系数指标	灌溉水分配及影响综合指标	单位面积灌水量指标
层次分析法权重	0.014 8	0.031 5	0.026 7	0.055 0	0.027 6	0.100 6	0.068 0	0.148 9	0.059 6	0.057 1
熵值法权重	0.052 8	0.053 5	0.053 2	0.053 1	0.052 9	0.052 9	0.053 2	0.053 4	0.053 3	0.053 2
PPC 权重	0.161 0	0.034 1	0.012 0	0.036 8	0.005 5	0.077 7	0.148 1	0.020 1	0.037 1	0.019 7

评价指标	水费收取率指标	用水矛盾程度综合指标	供水投劳变化程度综合指标	用水计量方式综合指标	协会收支比例指标	单位面积水稻产量指标	灌溉水分生产率指标	对相关单位影响综合指标	单位灌溉用水收益指标	
层次分析法权重	0.045 7	0.033 6	0.029 2	0.054 8	0.043 1	0.051 0	0.066 7	0.029 8	0.056 4	
熵值法权重	0.053 6	0.053 3	0.053 2	0.053 5	0.046 6	0.053 5	0.053 1	0.052 3	0.049 2	
PPC 权重	0.209 0	0.012 7	0.027 4	0.039 7	0.012 3	0.004 7	0.003 9	0.103 7	0.034 3	

将 PPC 法的指标权重与第 5 章层次分析法及熵值法计算的指标权重进行比较（见表 8-3）。层次分析法为主观权重，熵值法为客观权重，PPC 根据最佳投影方向确定权重，实际上也是客观权重。通过层次分析法分析各指标权重，表明工程维护综合指标、渠道水利用系数指标权重较大，因为在主观意识上认为良好的工程状况是用水户协会发展、生存的关键。熵值法计算的各指标权重基本相同，即 19 个评价指标对用水户协会绩效影响基本上没有孰轻孰重，只有各个指标都达到良好，才能说用水户协会有良好的绩效。投影寻踪的最佳投影方向计算的权重则表明水费收取率指标、协会组建综合指标、工程完好率指标、对相关单位影响综合指标以及工程维护综合指标等所占权重比较大。不同方法确定的指标权重存在差异，最终影响综合评价的结果。

8.3.2.3　PPC 综合评价的聚类分析

投影寻踪分类模型在没有分类标准参照下就不能进行客观的分类，为了克服这方面的缺陷，并能够将其进行合理而客观的分类，特采用最优分割法。根据经验选取 $k=5$，即将样本分为"优"、"良"、"中"、"差"、"劣"五大类。利用式(8-9)计算42个协会一切可能的样本段直径得到初始距离矩阵,然后通过递推公式计算得到具体的聚类结果见表8-4。

表8-4表明,漳河灌区被评价的42个农民用水户协会中,绩效处于"优"的有12个、"良"的有9个、"中"的有11个、"差"的有9个、"劣"的有1个,即有50%的协会处于"良"以上级别,有76.2%的协会处于"中"以上级别,可见漳河灌区农民用水户协会绩效总体偏好。

表8-4 最优分割法聚类协会绩效分类结果

分类类型	协会个数(个)	协会名称
优	12	仓库协会、总干渠一支渠协会、二干渠二支渠协会、吕岗协会、永圣协会、二干渠一分干协会、许岗协会、大房湾协会、董岗协会、英岩协会、伍架协会、五分支渠协会
良	9	洪庙协会、子陵协会、川店镇协会、许山协会、四支渠协会、老二干协会、周坪协会、长兴协会、曹岗协会
中	11	靳巷协会、三支渠协会、鸦铺协会、五一协会、九龙协会、雷坪协会、绿林山协会、丁场协会、总干渠二支渠协会、周湾协会、三干渠三分干协会
差	9	总干渠二分渠协会、白庙协会、管湾协会、马山协会、脚东协会、勤俭协会、六支渠协会、兴隆协会、纪山协会
劣	1	贺集协会

基于投影寻踪分类的综合评价方法考虑了农民用水户协会绩效综合评价的多因素、多指标、多目标的特征。通过投影寻踪方法将农民用水户协会绩效评价的多维评价指标投影到一维子空间上,借助RAGA算法多次运算寻找最佳投影方向,从而确定了样本各个评价指标的客观权重值,同时根据投影值的大小对各个协会的绩效进行了排序,较为有效地解决了传统评价方法中人为主观赋予权重系数的片面性。另外,运用最优分割法对其投影值进行分类,即对灌区农民用水户协会的绩效从客观角度上进行了合理的分类。它一方面克服了其他分类方法所带有的主观性;另一方面弥补了投影寻踪分类模型在没有分类标准参照下就不能客观分类的缺陷。

PPC模型的数学依据比较充分,其结论比较客观。比如说贺集协会虽然单位面积水稻产量指标较高,但由于其他各个评价指标值均较低,综合评价为"劣";吕岗协会的工程维护指标较低,但由于其他大部分指标均较好,使其仍处于"优"的绩效类,这充分说明了PPC模型的评价结果不会受单一评价指标的影响,其评价结果比较客观。

本章的农民用水户协会分类结果与第6章基于灰色关联分析的结果基本一致,但在个别协会上存在一定的出入。比如马山协会、纪山协会在灰色关联分析法中分别处于"优"及"良"的级别,而在基于PPC的评价中均处于"差"这一类别,这主要是因为其组建基本情况综合指标均为0而导致的。因为投影寻踪数据降维方法的弊端在于可能因为样本资料的不合适等导致其结果带有一定的机械性。但总的来说,投影寻踪方法在用于灌区农民用水户协会的绩效评价中,其结果还是可行的,并且结果较客观。

8.4　本章小结

本章运用投影寻踪分类模型对漳河灌区 42 个农民用水户协会进行绩效综合评价,主要结论如下:

(1)将投影寻踪分类模型具体应用到灌区农民用水户协会绩效综合评价中,将多个评价指标(高维数据)通过寻求其映射到一维子空间的最佳投影方向,然后计算投影指标值,对协会作出绩效综合评价,这样就避免了传统方法中专家赋权的人为干扰。对于其中投影指标函数的优化,则采用基于实数编码的加速遗传算法来实现,并通过 MATLAB 编程来处理数据。

(2)对协会评价的目的不仅仅是为了对协会进行排序,而更重要的是为了了解农民用水户协会整体情况所处的类别。因此,在协会整体排序的基础上,运用最优分割法进行了客观的分类,将整体分为"优"、"良"、"中"、"差"、"劣"五大类,从而可以了解各个协会所处的类别。针对 42 个协会的聚类分析结果表明:有 50% 的协会处于"良"以上级别,有 76.2% 的协会处于"中"以上级别,可见漳河灌区农民用水户协会绩效总体偏好。

(3)在 PPC 模型中,最佳投影方向各分量的大小实质上反映了各个评价指标对评价结果的不同重要程度。根据最佳投影方向可知:协会水费收缴到位、组建过程完善、工程状况良好、与相关单位(供水单位及村委会)保持良好的协作关系以及有良好的工程维护,是协会取得好的绩效的重要环节;而协会认知程度综合指标、协会与外部组织关系综合指标、单位面积水稻产量指标、灌溉水分生产率指标等对综合评价结果的影响程度较小。

(4)投影寻踪分类模型对于处理灌区农民用水户协会中具有不确定性的高维数据的综合评价、排序、寻优具有较好的结果,为该方面的研究提供了一条新的方法与思路。

第9章 不同综合评价方法评价结果比较

本书中对漳河灌区农民用水户协会的绩效综合评价采用了直观对比法、灰色关联法、模糊物元分析法及投影寻踪分类模型等4种评价方法,同时对于评价指标体系中的各个指标也在灌区层面上通过灰色关联法和模糊物元分析法进行了评价。本章将这几种评价分类结果予以比较,分析各类评价方法所得结果的差异及其原因,以及不同方法在使用于农民用水户协会绩效综合评价这类问题中的优点与不足。

9.1 漳河灌区农民用水户协会绩效不同评价方法结果比较

9.1.1 不同评价方法评价分类结果

不同评价方法所获得的漳河灌区农民用水户协会绩效分类结果见表9-1。在采用3种综合评价模型进行评价时,如果19个指标中的某项指标不全则不能代入模型进行计算,因此实际上综合评价模型方法都只针对19个指标均有的42个协会开展。为使整个漳河灌区农民用水户协会综合评价完整,对13个资料不全的协会,根据部分指标及调查数据将其直观分为"差"或"劣",见表9-1中带"＊"号的协会。不同方法所得分类结果分析如下:

(1)基于直观对比分析的农民用水户协会绩效评价。

通过第4章的直观对比分析,从用水户协会横向、纵向对比,将漳河灌区农民用水户协会进行评价分类,其中农民用水户协会绩效处于"较好"的有15个,"一般"的有27个,"较差"的有13个。处于"一般"以上级别的农户用水户协会占被评价的55个协会的76.4%左右,表明漳河灌区农民用水户协会绩效总体偏好。

(2)基于灰色关联法的农民用水户协会绩效综合评价。

通过第6章的灰色关联法对漳河灌区42个用水户协会进行绩效综合评价。结果表明,农民用水户协会评价结果处于绩效"优"的有8个、"良"的有14个、"中"的有12个、"差"的有4个、"劣"的有4个,处于"良"以上级别的用水户协会占被评价的42个协会的52.4%。将其他13个没有完整资料的协会经主观判断分成"差"(8个)或"劣"(5个)类后,漳河灌区55个用水户协会绩效处于中等偏上的协会共34个,所占比例为61.8%,表明漳河灌区农民用水户协会绩效总体较好,但还有38.2%的协会绩效处于"差"或"劣"的级别。

(3)基于模糊物元分析的农民用水户协会绩效综合评价。

通过第7章的模糊物元分析法对漳河灌区42个农民用水户协会进行绩效综合评价,绩效处于"优"的有9个、"良"的有15个、"中"的有12个、"差"的有1个、"劣"的有5个,处于"良"以上级别的用水户协会占被评价的42个协会的57.1%。将其他13个没有完整资料的协会经主观判断分成"差"(8个)或"劣"(5个)类后,漳河灌区55个用水户

表9-1 不同评价方法下的农民用水户协会绩效分类结果

直观对比评价	灰色关联法评价	模糊物元评价	PPC综合评价
较好(15个)：总干渠：二分渠协会、凤凰协会；一干渠：绿林山协会、曹岗协会、脚东协会；二干渠：马山协会、许岗协会、四支渠协会、六支渠协会、三支渠协会、纪山协会；三干渠：大房湾协会；四干渠：五一协会	优(8个)：总干渠：一支渠、二支渠协会；一干渠：二支渠协会、一分干协会、马山协会；三干渠：仓库协会、吕岗协会；四干渠：洪庙协会、周坪协会、永圣协会、英岩协会	优(9个)：总干渠：一支渠协会；二干渠：二支渠协会、一分干协会、大房湾协会、董岗协会；三干渠：仓库协会、吕岗协会；四干渠：永圣协会	优(12个)：总干渠：一支渠协会；二干渠：二支渠协会、一分干协会、大房湾协会、董岗协会；三干渠：五分支协会、仓库协会、吕岗协会；四干渠：永圣协会、英岩协会、伍架协会
	良(14个)：总干渠：二支渠协会；一干渠：绿林山协会、丁场镇协会；二干渠：三支渠协会、洪庙协会、川店镇协会；吕岗协会、周坪协会；三干渠：五分支协会、纪山协会、董岗协会；四干渠：永圣协会、子陵协会、长兴协会	良(15个)：一干渠：曹岗协会、丁场协会、绿林山协会；二干渠：三支渠协会、川店镇协会、四支渠；三干渠：五分支协会、纪山协会、董岗协会；周坪协会、洪庙协会、九龙协会、长兴协会；四干渠：英岩协会、子陵协会、伍架协会	良(9个)：一干渠：曹岗协会；二干渠：川店镇协会、四支渠；三干渠：老二干协会、周坪协会；许山协会；四干渠：子陵协会、长兴协会
一般(27个)：总干渠：二分渠协会；一干渠：胜利协会、脚东协会、曹岗协会；二干渠：马山协会、六支渠协会、老二干协会；三干渠：许山协会、九龙协会、双岭协会；雷坪协会、陈集协会、鸦铺协会、三干渠；三分干：官湾协会、鸦铺协会、许山协会；四干渠：长兴协会、伍架协会、五一协会	中(12个)：总干渠：二分渠协会；一干渠：胜利协会、脚东协会、曹岗协会；二干渠：马山协会、老二干协会、六支渠协会；三干渠：许山协会、九龙协会、鸦铺协会、周坪协会、三干渠；四干渠：五一协会	中(12个)：总干渠：二分渠协会；一干渠：胜利协会；二干渠：马山协会、老二干协会；三干渠：许山协会、鸦铺协会、周坪协会、三干渠；三分干：雷坪协会、兴隆协会；四干渠：五一协会	中(11个)：总干渠：二支渠协会；一干渠：丁场协会、绿林山协会；二干渠：三支渠协会；三干渠：鸦铺协会、九龙协会、靳巷协会；三分干：周湾协会、雷坪协会；四干渠：五一协会

直观对比评价	灰色关联法评价	模糊物元评价	PPC 综合评价
较差 (13个) 总干渠：一分渠协会； 三干渠：斗笠协会，五岭协会，陈池协会，兴隆协会，勤俭协会，邓冲协会，栋树协会； 四干渠：陶何协会、伍桐协会、邓庙协会、贺集协会、田湾协会	差 (12个) 总干渠：一分渠协会*、凤凰协会*； 三干渠：靳巷协会、许山协会、五岭协会、双岭协会*、邓冲协会*、陈池协会*、陈集协会*； 四干渠：陶何协会*、五一协会	差 (9个) 总干渠：一分渠协会*、凤凰协会*； 一干渠：脚东协会； 三干渠：五岭协会、双岭协会、邓冲协会、陈池协会*、陈集协会； 四干渠：陶何协会*	差 (17个) 总干渠：二分渠协会*、凤凰协会*、一分渠协会*； 一干渠：脚东协会*、胜利协会； 二干渠：马山协会、六支渠协会、纪山协会； 三干渠：官湾协会、勤俭协会、五岭协会、双岭协会、邓冲协会、陈池协会、陈集协会*； 四干渠：陶何协会*
	劣 (9个) 三干渠：勤俭协会、官湾协会、栋树协会、斗笠协会； 雷坪协会， 四干渠：贺集协会、伍桐协会*、邓庙协会、田湾协会	劣 (10个) 二干渠：六支渠、纪山协会； 三干渠：勤俭协会、官湾协会、斗笠协会、栋树协会*； 四干渠：贺集协会、伍桐协会*、邓庙协会、田湾协会	劣 (6个) 三干渠：斗笠协会*、栋树协会*； 四干渠：贺集协会、伍桐协会、邓庙协会、田湾协会*

注：标注 "*" 的 13 个协会属资料不全，无法按综合评价模型进行评价，仅根据部分指标及调查数据将其直观数据为 "差" 或 "劣"。

协会绩效处于中等偏上的协会共36个,所占比例为65.5%,表明漳河灌区农民用水户协会绩效总体较好,但还有34.5%的协会绩效处于"差"或"劣"的级别。

(4)基于投影寻踪分类法(PPC)的农民用水户协会绩效综合评价。

通过第8章的PPC模型对漳河灌区42个农民用水户协会进行绩效综合评价,绩效处于"优"的有12个、"良"的有9个、"中"的有11个、"差"的有9个、"劣"的有1个,处于"良"以上级别的用水户协会占被评价的42个协会的50%。将其他13个没有完整资料的协会经主观判断分成"差"(8个)或"劣"(5个)类后,漳河灌区55个用水户协会绩效处于中等偏上的协会共32个,所占比例为58.2%,表明漳河灌区农民用水户协会绩效总体较好,但还有41.8%的协会绩效处于"差"或"劣"的级别。

9.1.2 直观对比评价与不同综合评价方法的比较

(1)直观对比评价与灰色关联法综合评价结果比较。

从表9-1中可知,直观对比评价处于"较好"的15个农民用水户协会,在灰色关联法评价时,除周坪协会和老二干协会2个协会落入分类"中"以外,其余的协会均进入"优"和"良"两个分类中。

直观对比评价分类处于"一般"的27个农民用水户协会,在灰色关联法评价时,马山协会进入分类"优",周湾协会、九龙协会、长兴协会、绿林山协会、三支渠协会、五分支协会、纪山协会、大房湾协会等8个协会进入分类"良",靳巷协会、五一协会、三干渠三分干协会、许山协会、陈集协会、凤凰协会、双岭协会等7个协会进入分类"差",官湾协会、雷坪协会等2个协会进分类"劣",其余9个协会进入分类"中"。可见变化较大,原因是直观对比评价分类很难从各个指标方面综合把握,特别对一些部分指标好、部分指标差的协会,只能给出"差不多"、"一般"等概念而将其分为"一般"类。

直观对比评价分类"较差"的13个农民用水户协会中,斗笠协会、楝树协会、田湾协会、邓庙协会、伍桐协会、勤俭协会、贺集协会等7个协会进入灰色关联法评价分类中"劣"类,兴隆协会为"中"类,剩余5个为"差"类。

可见,灰色关联法综合评价和直观对比评价分类结果总体比较一致,差异主要在直观分类"一般"的级别中。

(2)直观对比评价与模糊物元评价结果比较。

表9-1表明,直观对比评价"较好"的15个农民用水户协会在模糊物元评价时,除总干渠二支渠协会和老二干协会2个协会落入分类"中"以外,其余的协会均进入"优"和"良"两个分类中。

直观对比评价分类"一般"的27个农民用水户协会,在模糊物元评价分类时,许岗协会和大房湾协会2个协会进入分类"优",曹岗协会、绿林山协会、三支渠协会、二干渠五分支协会、四支渠协会、九龙协会、周湾协会、伍架协会、长兴协会9个协会进入分类"良",凤凰协会、双岭协会、陈集协会、脚东协会等4个协会进入分类"差",六支渠协会、纪山协会、官湾协会等3个协会进入分类"劣",其余9个协会进入分类"中"。

直观对比评价分类"较差"的13个农民用水户协会中,斗笠协会、楝树协会、田湾协会、邓庙协会、伍桐协会、贺集协会、勤俭协会等7个协会进入模糊物元评价分类"劣",剩余 6 个协会进入分类"差"。

可见,模糊物元综合评价和直观对比评价结果总体也比较一致。

(3)直观对比评价与 PPC 综合评价结果比较。

表 9-1 表明,直观对比评价"较好"的 15 个农民用水户协会在 PPC 综合评价时,除总干渠二支渠协会、丁场协会 2 个协会落入分类"中"以外,其余的协会均进入"优"和"良"两个分类中。

直观对比评价分类"一般"的 27 个农民用水户协会中,在 PPC 综合评价分类时,许岗协会、二干渠五分支协会、伍架协会、大房湾协会等 4 个协会进入分类"优",曹岗协会、二干渠四支渠、长兴协会、周坪协会、许山协会等 5 个协会进入分类"良",总干渠二分渠协会、凤凰协会、脚东协会、胜利协会、纪山协会、官湾协会、双岭协会、陈集协会、二干渠六支渠协会等 9 个协会进入分类"差",其余 9 个协会进入分类"中"。

直观对比评价分类"较差"的 13 个农民用水户协会中,斗笠协会、棟树协会、田湾协会、邓庙协会、伍桐协会、贺集协会等 6 个协会进入 PPC 综合评价分类"劣",其余 7 个协会进入分类"差"。

可见,PPC 综合评价和直观对比评价分类结果总体基本一致。

9.1.3 不同综合评价方法评价结果的比较

本书进行农民用水户协会绩效综合评价所采用的 3 种综合评价模型中,投影寻踪分类法(PPC)综合评价中采用的权重是根据评价指标最佳投影方向确定的,而灰色关联法和模糊物元法综合评价中采用的指标权重相同,为层次分析法和熵值法相结合的综合权重。这里将 3 种方法在农民用水户协会绩效综合评价中的优劣进行比较。

(1)灰色关联法和模糊物元分析法综合评价结果比较。

根据参与模型计算的 42 个协会的分类结果,将灰色关联法和模糊物元分析法两种综合评价方法的分类结果进行比较,见表 9-2。

可见,两种综合评价方法结果比较一致,其中,灰色关联评价分类中,"优"占 19.05%,"良"占 33.3%,"中"占 28.6%,"差"占 9.5%,"劣"占 9.5%;模糊物元评价分类中,"优"占 21.4%,"良"占 35.7%,"中"占 28.6%,"差"占 2.4%,"劣"占 11.9%。两种评价方法中,42 个协会在 5 个级别分类所占的百分比接近。

模糊物元分析中分类"优"的 9 个协会,有 6 个与灰色关联评价分类中"优"的协会一致,另外 3 个"优"的协会有 2 个在灰色关联评价分类中处于"良",1 个处于"中"。灰色关联法评价中其余 2 个"优"类协会中,有 1 个处于模糊物元法中"良"类,另 1 个处于"中"类。两种方法处于"优"类协会的一致性百分比为:6/11 = 54.5%。这里,一致性百分比等于同时处于两个方法中的某类(如"优")协会个数(6)占分别出现在两种方法中该类协会的总个数(分别为 9 和 8,6 个重复,合计 11 个)。其他类别具体分析略。分析表明,两种方法协会处于"优"、"良"、"中"、"差"、"劣"级别协会的一致性百分比分别为54.5%、52.6%、14.3%、0%、50%,具体见表 9-2。

两种方法都是将评价对象经过不同的数据处理,通过计算评价对象与评价级别标准的关联度而确定评价对象的级别。两种方法在"优"、"良"、"劣"3 种评价级别上的一致性比较高,都超过了50%,而在"中"、"差"评价级别的一致性比较低。可见,这两种评价方法对于评价对象指标差异比较明显,不管是优还是劣,评价结果都比较好,而对于评价对象差异不明显的,评价情况相对较差。

表9-2　灰色关联法与模糊物元分析法综合评价结果比较

灰色关联法		模糊物元分析		一致性百分比(%)
优 (8个)	总干渠:一支渠协会; 二干渠:二支渠协会、一分干协会、马山协会; 三干渠:仓库协会、吕岗协会、洪庙协会; 四干渠:永圣协会	优 (9个)	总干渠:一支渠协会; 二干渠:二支渠协会、一分干协会、大房湾协会、董岗协会、许岗协会; 三干渠:仓库协会、吕岗协会; 四干渠:永圣协会	54.5
良 (14个)	总干渠:二支渠协会; 一干渠:绿林山协会、丁场协会; 二干渠:三支渠协会、川店镇协会、五分支协会、纪山协会、大房湾协会、董岗协会; 三干渠:周湾协会、九龙协会; 四干渠:英岩协会、长兴协会、子陵协会	良 (15个)	一干渠:曹岗协会、丁场协会、绿林山协会; 二干渠:三支渠协会、川店镇协会、五分支协会、四支渠协会; 三干渠:周坪协会、九龙协会、周湾协会、洪庙协会; 四干渠:长兴协会、子陵协会、英岩会、伍架协会	52.6
中 (12个)	总干渠:二分渠协会; 一干渠:脚东协会、曹岗协会、胜利协会; 二干渠:四支渠协会、六支渠协会、许岗协会、老二干协会; 三干渠:兴隆协会、周坪协会、鸦铺协会; 四干渠:伍架协会	中 (12个)	总干渠:二分渠协会、二支渠协会; 一干渠:胜利协会; 二干渠:马山协会、老二干协会; 三干渠:许山协会、靳巷协会、雷坪协会、鸦铺协会、三分干协会、兴隆协会; 四干渠:五一协会	14.3
差 (4个)	三干渠:靳巷协会、许山协会、三分干协会; 四干渠:五一协会	差 (1个)	一干渠:脚东协会	0
劣 (4个)	三干渠:勤俭协会、官湾协会、雷坪协会; 四干渠:贺集协会	劣 (5个)	二干渠:六支渠协会、纪山协会; 三干渠:勤俭协会、官湾协会; 四干渠:贺集协会	50

(2)PPC与灰色关联、模糊物元分析法的综合评价结果。

从表9-1可以看到,不考虑资料不全的13个协会,被比较的42个协会分类结果表明,PPC方法中协会绩效处于"优"的占28.5%,"良"的占21.4%,"中"的占26.2%,"差"的占21.4%,"劣"的占2.4%,不同级别所占百分比与其他两方法相似。PPC与灰色关联法处于"优"、"良"、"中"、"差"、"劣"级别协会的一致性百分比分别为42.9%、

15%、4.5%、0%、25%；PPC与模糊物元分析法处于"优"、"良"、"中"、"差"、"劣"级别协会的一致性百分比分别为75%、41.2%、35.3%、11.1%、20%。可见，PPC法与灰色关联分析法及模糊物元分析法不同级别协会的一致性不如灰色关联法与模糊物元分析法之间的一致性好。

从评价方法的原理而言，灰色关联法与模糊物元分析法类似，并且这两种方法采用了同样的评价标准等级以及相同的指标权重，因此结果更相似。但这两种方法无论评价标准等级的划分还是综合指标权重的确定，都存在一定的人为主观因素影响。PPC综合评价过程完全依据评价样本固有的客观信息，但可能会由于样本资料的不合理性导致一些似是而非的评价结论。另外，PPC综合评价中，其分类并不是在一定的评价等级标准上进行的，而是在一定的排序基础上，运用最优分割法进行聚类分析，因此其结果与其他两方法的一致性相对较差。

9.2　漳河灌区农民用水户协会绩效评价指标的评价结果比较

本书分别用灰色关联法和模糊物元法对漳河灌区农民用水户协会绩效评价指标进行了评级，该评级反映了在灌区总体层面上各评价指标绩效优劣程度，为进一步改善农民用水户协会绩效提供依据。下面将两种方法下的评价指标优劣评级进行比较（见表9-3）。

表9-3　不同方法下的农民用水户协会绩效评价指标的评价结果比较

评价指标		灰色关联级别分类	模糊物元级别分类	一致性
协会组织建设指标	协会组建综合指标	良	良	√
	协会职能综合指标	良	良	√
	协会认知程度综合指标	中	中	√
	农户参与协会程度综合指标	劣	劣	√
	协会与外部组织关系综合指标	劣	劣	√
协会工程现状及维护指标	工程维护综合指标	劣	劣	√
	工程完好率指标	良	良	√
	渠道水利用系数指标	优	良	—
协会用水管理指标	灌溉水分配及影响综合指标	中	中	√
	单位面积灌水量指标	中	劣	×
	水费收取率指标	优	优	√
	用水矛盾程度综合指标	良	良	√
	供水投劳变化程度综合指标	差	差	√
	用水计量方式综合指标	良	良	√
协会经济效益指标	协会收支比例指标	优	优	√
	单位面积水稻产量指标	优	优	√
	灌溉水分生产率指标	差	劣	—
	对相关单位影响综合指标	中	中	√
	单位灌溉用水收益指标	差	差	√

注："√"表示完全一致；"—"表示相差一个级别；"×"表示相差两个级别以上。

灰色关联法评价表明,漳河灌区农民用水户协会在渠道水利用系数指标、水费收取率指标、协会收支比例指标、单位面积水稻产量指标等方面达到了绩效"优"的级别;在协会组建综合指标、协会职能综合指标、工程完好率指标、用水矛盾程度综合指标、用水计量方式综合指标等方面达到绩效"良"的级别,即协会在这两个级别的评价指标方面都取得了较好的成绩;在协会认知程度综合指标、灌溉水分配及影响综合指标、单位面积灌水量指标、对相关单位影响综合指标等方面处于绩效"中"的级别,有进一步提高的潜力;在供水投劳变化程度综合指标、灌溉水分生产率指标、单位灌溉用水收益指标等方面做得"差";在农户参与协会的程度综合指标、协会与外部组织关系综合指标、工程维护综合指标方面处于绩效"劣"的级别,是目前存在的主要问题,也是今后应该加强改善的主要方面。

模糊物元法对指标优劣的总体评价结果与灰色关联法类似,其中"优"、"良"类指标除渠道水利用系数从灰色关联法中的"优"变到模糊物元法中的"良"外,其他 7 个指标的级别完全相同。19 个评价指标中有 16 个相同,一致性达到了 84.2%,即使是存在不一致的情况,也是相差一个或两个级别,没有较大出入。说明对于评价指标的总体分类评价还是比较合理可靠的。通过该分类明确了整个灌区层面上农民用水户协会建设及运行应该注重的问题,找到进一步提高农民用水户协会绩效的工作重点和努力方向。

9.3　本章小结

根据漳河灌区 55 个农民用水户协会绩效的综合评价结果,对 3 种综合评价方法及直观对比评价方法的分类结果进行了对比分析,表明 3 种综合评价方法(灰色关联法、模糊物元分析法、投影寻踪分类法)的分类评价结果与直观对比分析的评价结果基本一致,尤其是在中等以上分类中,一致性比较高。同时,对 3 种综合评价方法的结果进行了对比,表明协会绩效处于 5 个不同级别的分布总体一致,但部分协会出现 1 到 2 个级别的波动。相比较而言,灰色关联法与模糊物元分析法由于方法原理相似,评价结果的一致性较高,而投影寻踪分类法的结果与其他两种方法结果的一致性稍差。

灰色关联法和模糊物元分析法对漳河灌区农民用水户协会 19 个评价指标总体情况的评价分析表明,19 个指标处于 5 个级别的一致性达到 84.2%,即两种方法的评价结果基本一致。

第10章 漳河灌区农民用水户协会建设运行中的经验和教训

农民用水户协会正常、规范的运行以及合理高效的管理,不仅可以逐步增强用水户自主管理意识与观念,而且可以保证协会范围内的全体用水户能够及时得到灌溉用水,满足用水户实施农业生产的需求,实现作物产量的增加,同时可以节约灌溉用水量,减少水事纠纷,提高工程完好率和配套率,充分、高效地发挥灌溉工程的输水灌溉作用。

10.1 漳河灌区农民用水户协会建设以来取得的绩效

农民用水户协会在漳河灌区的建立和推广在一定程度上给灌区的用水户和漳河工程管理局都带来了很大的便利。根据本次的调查评估,漳河灌区农民用水户协会自建立以来,尽管遇到了很多实际困难,但总体来讲还是取得了较好的绩效,主要表现在以下几个方面:

(1)提高了用水户自主管理效应。

农民用水户协会的建立,在很大程度上改变了"政府要我干"、"等、靠、要"等存在于用水户之中的传统旧观念,取而代之的是"自己的事情自己干"、"自我服务"等新观念,广大农民用水户积极主动地参与到协会组织建设、灌溉用水和工程管理之中,从而改善了灌溉秩序,也使得灌溉调度更加趋于合理有序。

农民用水户协会建立之前,农民很少主动地关心灌溉管理工作,对于灌溉工程的保护意识也比较低,例如渠道放水期间随意在渠堤上开口取水、私自放水、截水等情况时有发生;灌溉工程的质量状况以及完好情况基本没有人主动理会,灌溉工程设施的保护意识也比较薄弱。然而,随着农民用水户协会的逐步建立,农民用水户协会以用水户实际为本,从用水户实际出发,积极宣传农民用水户协会的本质,努力改善灌溉条件,用水户得到了更多的实惠,从而使得用水户积极参与到灌溉用水管理中,对渠道等工程设施的维护意识也不断增强,工程设施的破坏现象也大大减少。现在协会范围内的用水户的观念也在逐步改变,一致认为农民用水户协会是自己的组织,"自己的事情自己干"。

(2)灌溉用水更加公平,水事纠纷明显减少。

建立农民用水户协会以前,守水一般由村、组安排,一般水到哪一户,哪一户去守水,再加上认识上的不足,这就有可能发生偷水、抢水的事件,上游的用水户自行扒口放水,就会与下游的巡水员发生冲突,特别是在一些干旱年份或灌溉用水紧张的时候。而一些残疾人或半边户等缺少人力的家庭一般出钱雇人守水,这就抬高了他们的农业生产成本,在一定程度上表现出社会的不公平。

建立协会后,守水员主要由协会执委会来承担,负责协会范围内的用水管理,统一分配、调度,因此上下游用水矛盾就相应地减少,水事纠纷很少发生。同时,协会出面扶持帮助贫困用水户,甚至将水送到贫困户田间,减免了贫困户的额外负担。这样协会范围内上下游基本平衡,用水户用水公平性也得到了保证。目前,灌区协会范围整体灌溉水分配及影响综合指标达到了 0.64。

(3)提高灌溉保证率,扩大灌溉面积。

建立协会以前,渠道淤积、工程老化的现象相当严重,加上没有人负责清淤清障,造成下游的农田不能得到及时灌溉,甚至常年灌不到水。这样,下游的用水户在灌溉用水上不得不加大投入,比如被迫从附近河沟提水灌溉,这在一定程度上费力费钱,增加了用水户负担。

协会成立以后,协会积极组织用水户投工投劳修复多年废弃的渠道,拆除一些截留的挡坝,同时对淤积的渠道清淤除障,这样渠道的输水能力大幅提高,放水历时和周期缩短,"跑、冒、漏、滴"现象在一定程度上得到了遏制,在节约灌溉用水的基础上,又使得原先无法灌溉的农田重新获得灌溉,以前灌不到的下游和一些灌溉死角也可以及时用水,避免了灌水不及时而发生干死苗田的现象,从而恢复了灌溉面积。

(4)节约用水,水费收取率提高。

农民用水户协会在工程维护方面的积极工作,使得渠道及时疏通,输水能力提高,同时工程配套设施也得到完善,灌溉水的浪费有所遏制。再加上用水户的观念已经发生变化,节约用水的意识有所增强。用水户在水费上缴方面也比以前积极,因为他们从协会的用水管理中得到了实惠,在协会的管理下,灌溉用水能够得到保证,用水及时性提高,用水秩序良好,水事纠纷减少。所以,广大用水户对协会的认同感也逐步加强。协会直接向用水户收取水费,提高了水费的透明度,减少了中间环节,避免了搭车收费、截留挪用。调查表明,建立协会地区的水费收取率平均值从建立协会前的 69.8% 提高到建立协会后的92.5%,提高了 22.7 个百分点。

(5)为实现"民办公助"创造了条件。

漳河灌区支渠以下的渠道 13 976 条,总长度 6 336.98 km,附有各类建筑物 11 676 座。要保持支渠以下的渠道及各类建筑物的正常运行,每年的投资将是一笔不小的开支。成立农民用水户协会前,支渠以下渠系工程基本无人问津,千疮百孔。成立农民用水户协会以后,支渠以下渠系不仅有人管理,而且协会还通过"一事一议"解决了渠道清淤和小型工程的日常维护。2000 年以来,在灌区各级政府的支持下,协会通过"以奖代补"的形式,加强渠道防渗,衬砌了部分渠道,并配套了少部分涵闸和计量设施,实现了"民办公助"。

10.2 漳河灌区农民用水户协会在建设运行中存在的若干问题

根据调查分析以及综合评价分析,总结漳河灌区农民用水户协会在运行过程中主要存在以下问题:

(1)大部分农民用水户协会的组建准备工作不充分。

通过协会组建综合指标的分析,该指标在栋树协会、陶何协会、贺集协会、总干渠一分渠协会等 8 个协会只有 0.3 ~ 0.4,在官湾协会等 4 个协会组建综合指标为 0,这些协会占调查协会总数的22%。可见,有1/5左右的农民用水户协会在组建过程中工作不到位,存在这样那样的问题,不能按照组建的相应规范进行。大部分农民用水户协会在建立之初都没有做好充分的准备工作,看到别的地区建立协会获得实惠后盲目建立。

农民用水户协会组建之前,要在组建范围内广泛地开展宣传、发动工作,将组建协会的目的、意义、必要性以及迫切性让广大用水户和基层干部有所了解和认识,激发农民的自觉性。协会作为一个常设机构,必须要有固定的办公场所和必要的办公设施,以此来完成农民用水户协会的日常工作,也便于自主管理。另外,有一部分协会缺乏必要的规章制度,有的协会虽然有相应的规章制度,但是基本就没有按章程办事,造成协会的不规范运作,大大削减了协会的职能。

从评价结果来看,综合绩效比较差的协会,在协会组建等方面的指标都表现较差。

(2)农民用水户协会领导人缺乏必要的相关培训。

通过调查发现,现任协会领导人中,以村内有声望的人或者是前任村干部的居多。调查的55个协会中,约50%的领导人具有高中以上文化程度。这些协会领导人具有较高的威信和号召力,并且有一定的灌溉管理经验,但是在协会的组织领导能力和自身素质上还是表现出一定的欠缺。首先,领导人对于协会的主要职责认识不全。他们单纯地认为农民用水户协会仅仅是一个负责灌溉季节灌水的组织,甚至有部分领导人认为以前的村委会就可以解决灌溉问题,建立农民用水户协会是多此一举,是可有可无的。其次,领导人的主人翁意识不强。作为协会领导人,他们仍然保持着以前村委会的老观念——"政府要我干"、"等、靠、要"等。用水户协会的这种"自我管理、自我服务、自我发展"的理念没有完全深入人心,从而给协会的运行带来不便,大大削减了用水户协会的职能,用水户也不能感受到建立协会以后来自各方面的实惠。

同时,协会领导人认为农民用水户协会作为一个民间自发组织在管理手段上缺乏必要的政府支持,尤其协会不像村委会那样,在解决用水纠纷和水费收取上缺乏必要的强制力。当遇到用水户不给予工作支持时,给协会的正常运行工作带来了难度。

(3)村委会和农民用水户协会存在权责不清。

协会与外部组织关系综合指标在灌区层面上被划分为"差"的级别,可见协会与外部组织关系还有待于加强。

在我国,村一级行政单位设有村委会,管理村一级日常事务,当然灌溉管理也属于村委会的日常工作。作为民间社会团体的一种组织形式,农民用水户协会肩负着灌溉系统末级渠系的管护、灌溉用水管理和联系供水机构与用水户纽带的多重责任。具体包括,负责支渠以下的各级渠道的运行和管理;在灌溉季节来临之前收集用水户的用水计划,并根据用水计划与供水机构签订合同;按照计量水量向供水机构缴纳水费;依据灌溉顺序,指派灌水员依次放水;对协会范围内的弱势群体在灌溉用水方面予以照顾和帮助。

建立农民用水户协会以后,灌溉管理方面的事务全部由协会负责。但是,灌溉关系到用水户的生计,村委会在迫于用水户以及上级主管单位的压力下,或多或少的要插手协会的灌溉管理工作,特别是协会感觉心有余而力不足的工程维护工作。久而久之,农民用水户协会的部分职责就无形转移到村委会,大大削弱了协会的职责,造成部分协会反映协会现在只单纯负责收取水费的现象。这在一定程度上也就导致了协会在成立运行不久后,又与村委会成为一套班子,形成所谓的"一个班子,两块牌子",实质上使农民用水户协会名存实亡。

(4)农民用水户协会财务管理透明度欠缺。

调查中有38.3%的用水户反映协会不公开"水量、水价、水费",且有44.3%的农户表示交了水费而没有获得相应的水费收据;调查中68.7%的用水户表示他们不清楚协会的财务状况。当问及协会执委是否有补贴以及补贴是如何定时,普通用水户都表示不清楚,而能够回答出上述问题的,一般都是村干部或协会工作人员。

可见,农民用水户协会在水费计收和财务管理上还是存在着问题,特别是财务公开方面。调查中发现,有些地区就是因为协会在水费收取和财务上的不公开、不透明,出现收钱不办事或者挪用水费情况,导致普通用水户不满情绪加深,出现不愿意继续参加农民用水户协会的状况。

(5)农民用水户协会对工程维护方面的工作做得不够到位。

工程维护综合指标在灌区层面上被划分为"差"的级别,可见建立协会以后在工程维护方面的工作还不能够得到群众的认可和实践的验证,还有待于加强。在调查中,对于工程状况得不到改善反映的比较强烈。漳河灌区农民用水户协会管理的水利设施大多建于20世纪60年代末期,先天工程建设标准低、质量差、计量设施不配套,后期由于产权、管理权、维护权没有明确界定,工程老化失修严重,放水期间,渠堤散浸明漏严重,致使灌溉水利用效率低,不能实现计量到田、收费到户的要求。调查统计显示,灌区农民用水户协会工程的完好率和渠道衬砌率的平均水平分别只有64%和45%,目前协会进行的主要工程维护集中在渠道清淤以及在灌溉时期的险工险段的应急处理,很多协会在建立前后工程面貌基本都没有明显的改善。

(6)农民用水户协会资金困难,严重影响协会的正常运作。

农民用水户协会作为民间团体组织,是非盈利性组织,但是就目前调查情况而言,政府部门没有给予协会一定的资金支持,很多协会管理人员的补助要靠村民委员会支付,而协会对于所辖工程维修和兴建水利设施更是"心有余而钱不足"。

目前,漳河灌区农民用水户协会的工作人员大都是无偿劳动的,这就需要工作人员有较高的责任心和服务意识,但是在没有财政支持的情况下,很多工作都难以实现,特别是工程维护。有些协会施行荆门市相关规定,在水费的计收标准上多计收 0.002 元/m³,其中一半作为工程维护费用,另一半作为协会日常工作及协会工作人员补贴。这一收入虽然在一定程度上能够缓解资金困难问题,但是对于协会的工程维护方面还是显得九牛一毛,同时这种费用还依靠于当年的灌溉水量而定,不是很稳定,在丰水年灌溉水量减少的情况下,协会的运行维护费用就会随之减少。

(7)农民用水户协会的运行不规范。

在调查的 55 个协会中,只有 17 个协会是按照有关规定组建并在民政部门注册,基本按照协会章程运作外,其余大部分协会运作都不太规范。一是组建程序不规范。调查中有40%的协会是按行政村组建的,而没有根据规范以水文边界来划分;有56.4%的协会还没有进行注册。二是协会组织形式不严谨。按章程上执委会成员应是选举产生的,但调查中有54.2%的用水户表示没参加过协会选举,且执委会成员基本上都是村干部,也就是给村委会另挂了一个牌子,这使得协会难以独立运作,对实现用水户的自主管理造成不利影响。按章程上用水户会议每年至少召开2次例会,但只有27.3%的协会每年召开了用水户会议,且只有9%的协会召开了至少2次。另外,调查表明,只有23.6%的协会采用了一事一议。三是协会职能失位。调查的55个协会的职能综合指标只有0.582,很多协会没有完全发挥其职能,大多数仅发挥了配水、解决用水纠纷和计收水费的职能,而其他职能出现失位。

(8)对于农民用水户协会的运行管理机制不够到位。

农民用水户协会虽然是民间自发团体组织,但是在一定程度上还是需要相关部门的引导。就目前调查情况而言,协会的管理运作模式多样化,有的将协会承包给个人,有的和村委会混为一体,有的协会甚至是名存实亡。当然不同的方式可能有不同的利弊,但是从另一方面来讲,足以见得相应的水管部门对于农民用水户协会的指导和引导工作不够,在管理上似乎也是不闻不问,放任自流。对于协会的监管,基本上就没有。作为协会登记注册机构——民政局,基本上没有对协会的工作状况、财务问题做过审查,并且很多协会到目前为止还没有到民政部门登记注册。

10.3　农民用水户协会健康发展的经验

根据对漳河灌区农民用水户协会的调查分析,以及绩效评估研究,总结农民用水户协会健康持续发展的经验如下:

(1)成立农民用水户协会要以广大用水户认可为前提。

首先,要加大宣传力度,让广大用水户了解和认识农民用水户协会的积极作用,要认识到农民用水户协会是为用水户服务,是用水户自我管理的组织;其次,协会的领导人应当具有较高的威信和积极负责的主人翁态度,这样用水户才能对协会的领导人以及他们的工作有信心,认为他们能够给广大用水户谋福利、办实事。用水户协会有了广大用水户的大力支持和积极配合才能使协会的各项工作正常运行。

(2)加强培训,促进农民用水户协会规范运作。

加强对用水户协会领导人的业务培训,这样才能使得协会领导人全面深刻地理解用水户协会在基层灌溉管理中的重要地位,深入了解用水户协会在基层灌溉管理中如何实现本身的高效运作。只有不断地提高协会领导的工作能力和协会工作效率,才能保证协会有序、合理的用水管理,提高协会的管理水平。

协会的运行要规范,只有规范的运行才能体现出协会的优势,尤其是在灌溉用水管理上要确保规范管理和运行,这样才能保证用水户的正常供水,确保他们的灌溉需求。

(3)良好的工程状况是农民用水户协会健康、持续良好运行的前提。

良好的工程状况可以提高用水管理及工程管理的效率,管理水平的提高使得灌溉用水更加合理有序并且及时,这在一定程度上就能够调动用水户的参与意识,增强他们的主人翁责任感。灌溉工程的配套完善对于水量的计量也是十分重要的,有利于水量、水费的精确计量和水费收支的透明。

(4)及时沟通,正确处理农民用水户协会和村委会的关系。

目前,漳河灌区农民用水户协会出现两种情况:一是村委会对协会的干预过多,协会名存实亡;二是协会的运行完全脱离村民委员会,缺少了民主的监督。这两种情况都不利于农民用水户协会长期健康稳定的发展。村委会的相关干部应该认识到农民用水户协会是用水户在灌溉用水管理方面的主要载体,应予以积极的配合,不能给予过多的行政干预;反之,协会领导干部也应当主动与村委会联系,请他们对协会的重大事情予以指导,特别是水事纠纷、水费收取困难等,应及时与村委会商讨、沟通。

(5)加大扶持,发挥政府的引导和监管作用。

各级政府要对农民用水户协会大力扶持,正确引导,要从法规上完善有关政策,承认协会的合法地位,推动农村水管体制的改革,同时要把协会的建设作为水行政部门工作的重要内容之一,从人力、物力上特别是财力上予以扶持。

协会的工作运行状况,水行政部门和各级政府要积极地予以指导和监督。对于协会执行好的要给以表彰和推广,对出现的问题要积极地协调解决,督促协会做好工程维修和管护工作,对水价的执行和水费收缴情况进行监督,对协会的财务、工程维护和用水管理定期进行考核。

(6)营造环境,实现农民用水户协会可持续发展。

协会作为一个民间机构,有一定的基础设施和资源,协会的执委会委员可以利用空闲时间从事一些多种经营。政府部门亦出台相关政策,为协会创收营造良好的环境,增收部分用于协会办公费用和执委会成员补贴,这在一定程度上降低了运行的成本,促进协会走上健康发展道路。

参考文献

[1] 董翠霞. 建立农民用水者协会,促进农业节水灌溉[J]. 山西水利科技, 2008(1): 85 – 87.

[2] 朱秀珍. 大型灌区运行状况综合评价研究[D]. 武汉: 武汉大学, 2005.

[3] 李强. 农民用水协会监测评价与可持续发展研究[D]. 杨凌: 西北农林科技大学, 2008.

[4] 理查德·瑞丁格. 中国的参与式灌溉管理改革——自主管理灌排区[J]. 中国农村水利水电, 2002 (6): 7 – 9.

[5] 刘慧萍. 经济自立灌排区管理模式初探[J]. 运筹与管理, 1998 (1): 90 – 93.

[6] 白玉惠. 中小型灌区水资源管理体制探索——经济自立灌排区(SIDD)的理论与实践[D]. 合肥: 合肥工业大学, 2003.

[7] 王金霞, 黄季焜, 徐志刚, 等. 灌溉、管理改革及其效应——黄河流域灌区的实证分析[M]. 北京: 中国水利水电出版社, 2005.

[8] 翟浩辉. 大力推进农民用水户协会发展,促进社会主义新农村水利建设[J]. 中国水利, 2006(15): 1 – 5.

[9] 冯广志. 用水户参与灌溉管理与灌区改革[J]. 中国农村水利水电, 2002(12): 1 – 5.

[10] 李全盈. 建立适合灌区基层用水管理的组织模式[J]. 中国水利, 2003(4): 43 – 44.

[11] 张陆彪, 刘静, 胡定寰. 农民用水户协会的绩效与问题分析[J]. 农业经济问题, 2003(2): 30 – 33.

[12] 国家农业综合开发办公室. 农民用水户协会理论与实践[M]. 南京: 河海大学出版社, 2005.

[13] 陈祖梅, 杨平富, 郑国. 漳河灌区农民用水者协会现状调查[J]. 中国农村水利水电, 2005(3): 26 – 28.

[14] 张庆华. 灌区用水者协会建设及其运行管理若干关键问题研究[D]. 北京: 中国农业大学, 2005.

[15] 张庆华, 王艳艳, 李博杰, 等. 农民用水户协会的监督与管理研究[J]. 人民长江, 2008,39(2): 91 – 93.

[16] 韩丽宇. 世界灌溉管理机构的变革[J]. 节水灌溉, 2001(1): 34 – 36.

[17] 钟玉秀. 国外用水户参与灌溉管理的经验和启示[J]. 水利发展研究, 2002(5): 46 – 48.

[18] 张平. 国外水资源管理实践及对我国的借鉴[J]. 人民黄河, 2005(6): 33 – 34.

[19] 唐正平. 当代世界农业面面观[G]//2000 – 2001 年农业部系统出国考察报告汇编. 北京: 中国农业出版社, 2002.

[20] Mahmoud M Moustafa. Can farmers in Egypt shoulder the burden of irrigation management[J]. Irrigation and Drainage Systems, 2004(18): 109 – 125.

[21] Hussein Elatfy, Essam Barakat, 洪林译. 让农民积极参与水管理——埃及的实例[J]. 中国水利, 2005 (20): 59 – 61.

[22] Mark Svendsen, Walter Huppert. Maintenance under institutional reform in Andhra Pradesh[J]. Irrigation and Drainage Systems, 2003(17): 23 – 46.

[23] National Water Policy. Government of India Ministry of Water Resources, 2002(4).

[24] Ylli Dedja. Albania Chapter. http://inpim.org/Chapters/Albania, 2004 – 04 – 30.

[25] Sergio Mario Arredondo Salas, Paul N. Wilson. A farmer-centered analysis of irrigation management transfer in Mexico[J]. Irrigation and Drainage Systems, 2004(18): 89 – 107.

[26] Muhammad Latif, Muhammad Saleem Pomee. Impacts of institutional reforms on irrigated agriculture in

Pakistan[J]. Irrigation and Drainage Systems, 2003(17): 195 – 212.

[27] Hassan Ozlu. Turkey Chapter. http://inpim.org/Chapters/Turkey, 2004 – 07 – 05.

[28] 毛广全. 美国的灌溉管理[J]. 北京水利, 2000(6): 38 – 39.

[29] 陈艳丽. 灌区改革中用水户协会自立机制研究[D]. 北京: 中国农业科学院, 2005.

[30] Yukio Tanaka, Yohei Sato. Farmers managed irrigation districts in Japan: Assessing how fairness may contribute to sustainability[J]. Agricultural Water Management, 2005(77): 196 – 209.

[31] Henning Bjornlund. Farmer participation in markets for temporary and permanent water in southeastern Australia[J]. Agricultural Water Management, 2003(63): 57 – 76.

[32] Ruth Meinzen-Dick. Farmer participation in irrigation: 20 years of experience and lessons for the future [J]. Irrigation and Drainage Systems, 1997(11): 103 – 118.

[33] Mark Svendsen, Ruth Meinzen-Dick. Irrigation management institution in transition: a look back, a look forward[J]. Irrigation and Drainage Systems, 1997(11): 139 – 156.

[34] 许志方, 张泽良. 各国用水户参与灌溉管理经验述评[J]. 中国农村水利水电, 2002(6): 10 – 11.

[35] 仝志辉. 农民用水户协会与农村发展[J]. 经济社会体制比较, 2005(4): 74 – 80.

[36] 由金玉. 农民用水协会组建与运行研究[D]. 杨凌: 西北农林科技大学, 2007.

[37] 张庆华, 姜文岱. 农民用水协会建设与管理[M]. 北京: 中国农业科学技术出版社, 2007.

[38] 王雷, 赵秀生, 何建坤. 农民用水户协会的实践及问题分析[J]. 农业技术经济, 2005(1): 36 – 39.

[39] 水利部, 国家发展和改革委员会, 民政部. 关于加强农民用水户协会建设的意见[J]. 中国水利, 2005(23): 106 – 108.

[40] 吴俊卿, 郑慕琦, 张志兴, 等. 绩效评价的理论与方法[M]. 北京: 科学技术文献出版社, 1992.

[41] Ghalayini A. M., Nonble J. S.. The changing basis of performance measurement[J]. International Journal of Operations and Production Management. 1996, 16(8): 63 – 80.

[42] 陈万明, 赵新华. 全面绩效评价体系创新研究[J]. 经济体制改革, 2004(6): 117 – 119.

[43] 曲亮. 企业经营绩效评估研究综述[J]. 经济师, 2004(7): 139 – 140.

[44] 张蕊. 关于企业绩效评价规则实施中若干问题的探讨[J]. 财务与会计, 2003(1): 28 – 30.

[45] 杨平富. 灌区用水者自主管理探索与实践[M]. 武汉: 湖北辞书出版社, 2003.

[46] 杨平富, 李赵琴, 伍梅. 农民用水者协会在漳河灌区的实践与展望[J]. 节水灌溉, 2005(3): 46 – 48.

[47] 王建鹏, 崔远来, 张笑天, 等. 农民用水户协会绩效评价指标体系的探讨[C]//第5界农业水土工程学会论文集. 北京: 中国科技文化出版社, 2008: 667 – 677.

[48] 王建鹏, 崔远来, 张笑天, 等. 漳河灌区农民用水户协会绩效评价[J]. 中国水利, 2008(7): 40 – 42.

[49] 郭亚军. 综合评价理论、方法及应用[M]. 北京: 科学出版社, 2008.

[50] Saaty T. L.. The Analytic Hierarchy Process[M]. New York: McGraw-Hill, 1980.

[51] 赵焕臣, 徐树柏. 层次分析法——一种简易的新决策方法[M]. 北京: 科学出版社, 1986.

[52] 杜栋, 庞庆华. 现代综合评价方法与案例精选[M]. 北京: 清华大学出版社, 2005.

[53] 杜栋. 论 AHP 的标度评价[J]. 运筹与管理, 2000, 9(4): 42 – 45.

[54] 朱秀珍, 李远华, 崔远来, 等. 运用灰色关联法进行灌区运行状况综合评价[J]. 灌溉排水学报, 2004, 23(6): 44 – 48.

[55] 张卫民. 基于熵值法的城市可持续发展评价模型[J]. 厦门大学学报(哲学社会科学版), 2004(2): 109 – 115.

[56] 郭亚军. 综合评价理论与方法[M]. 北京: 科学出版社, 2002.

［57］傅立. 灰色系统理论及其应用［M］. 北京：科学文献出版社,1992.

［58］邓聚龙. 灰色系统理论教程［M］. 武汉：华中理工大学出版社,1992.

［59］王建鹏,崔远来,张笑天,等. 基于灰色关联法的灌区用水户协会绩效综合评价［J］. 武汉大学学报（工学版）,2008,41(5):40－44.

［60］Huber P. J.. Projection pursuit［J］. The Annals of Statistics, 1985,13(2): 435－475.

［61］陈忠琏. 多元数据分析的 PP 方法［J］. 数理统计与应用概率, 1986 (2): 103－124.

［62］Friedman J. H. , Tukey J. W.. A projection pursuit algorithm for exploratory data analysis［J］. IEEE Trans. on Computer, 1974, 23(9): 881－890.

［63］付强,赵小勇. 投影寻踪模型原理及其应用［M］. 北京：科学出版社,2006.

［64］马智晓,崔远来,王建鹏. 基于投影寻踪分类模型的灌区农民用水户协会绩效评价［J］. 节水灌溉,2009(8):42－45.

［65］金菊良,丁晶. 遗传算法及其在水科学中的应用［M］. 成都：四川大学出版社,2000.

［66］付强,梁川. 节水灌溉系统建模与优化技术［M］. 成都：四川大学出版社,2002.

［67］刘勇,康力山,陈毓屏. 非数值并行运算——遗传算法［M］. 北京：科学出版社,1997.

［68］胡永宏,贺思辉. 综合评价方法［M］. 北京：科学出版社,2000.

［69］雷钦礼. 经济管理多元统计分析［M］. 北京：中国统计出版社,2002.

［70］秦寿康. 综合评价原理与方法［M］. 北京：电子工业出版社,2003.

［71］蔡文. 物元模型及其应用［M］. 北京：科学技术文献出版社,1994.

［72］张斌,雍岐东,肖芳淳. 模糊物元分析［M］. 北京：石油工业出版社,1997.

［73］肖芳淳. 模糊物元分析及其应用研究［J］. 强度与环境, 1995 (2): 51－59.

［74］贺仲雄. 模糊数学及其应用［M］. 天津：天津科学技术出版社,1982.

［75］陈守煜. 多阶段多目标决策系统模糊优选理论及其应用［J］. 水利学报,1997(1):36－39.